羊猝殂：小肠黏膜明显出血、充血

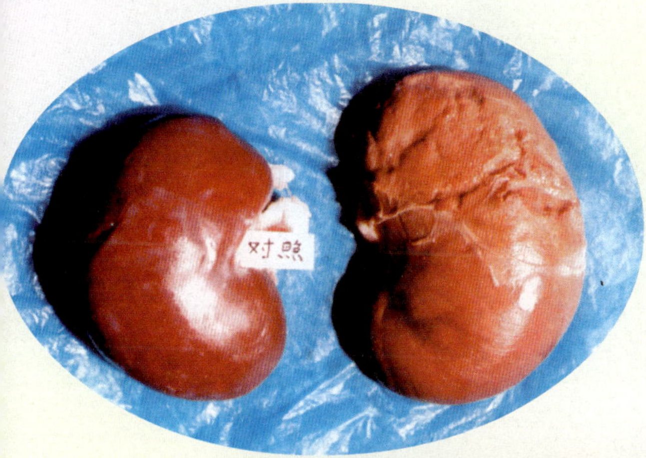


羊肠毒血症：软肾

羔羊痢疾：肠壁出血，呈紫红色；肠内容物呈红色

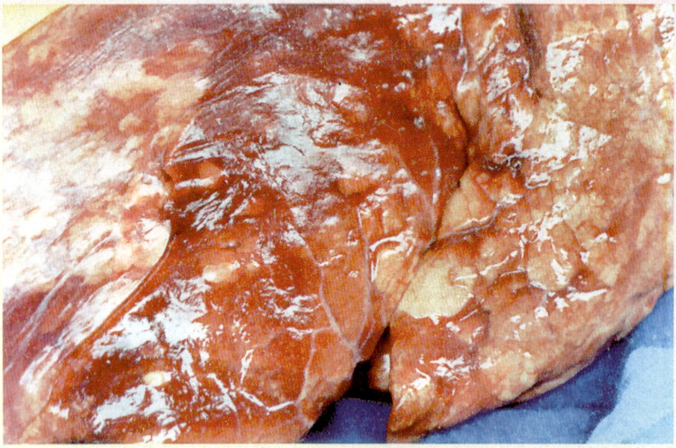

羊巴氏杆菌病：浆液
性出血性肺炎

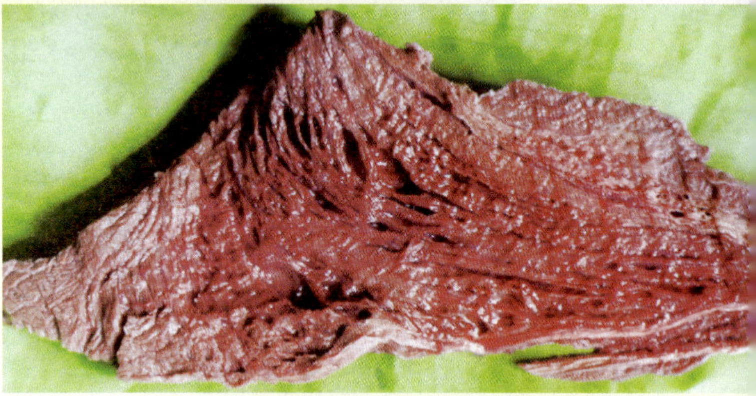

牛恶性水肿：肌肉中有气泡

李氏杆菌病：病羊
拱背，颈部肌肉一
侧麻痹

牛产气荚膜梭菌病：小肠出血，其中含有气体

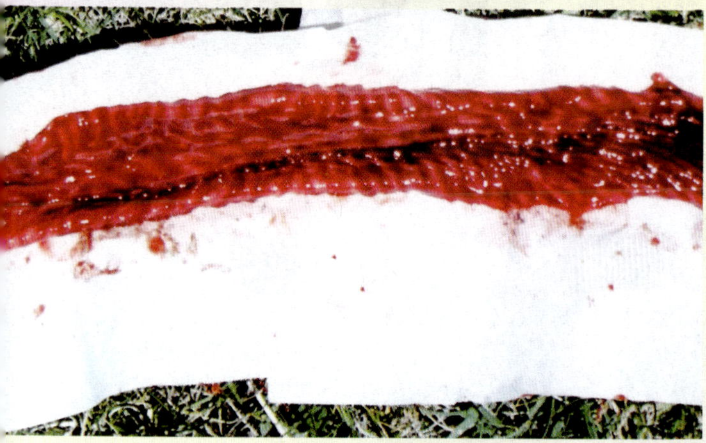

牛产气荚膜梭菌病：小肠严重出血

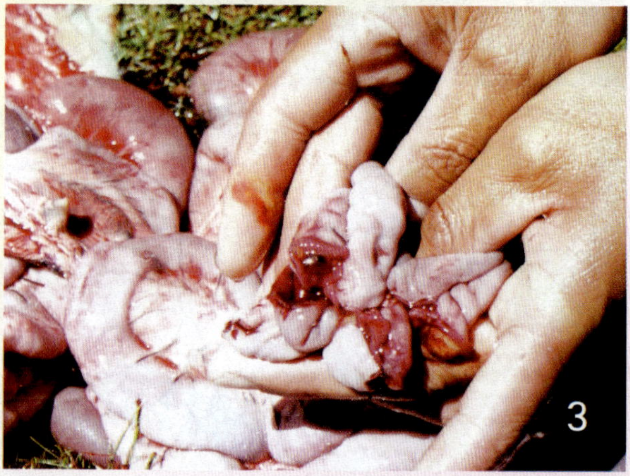

牛产气荚膜梭菌病：小肠流出血样黏液

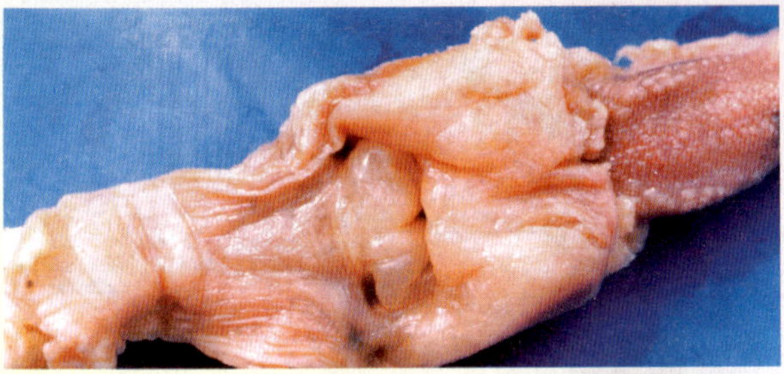

羊链球菌病：咽喉部水肿

牛心水病：胸前皮肤明显水肿、下垂

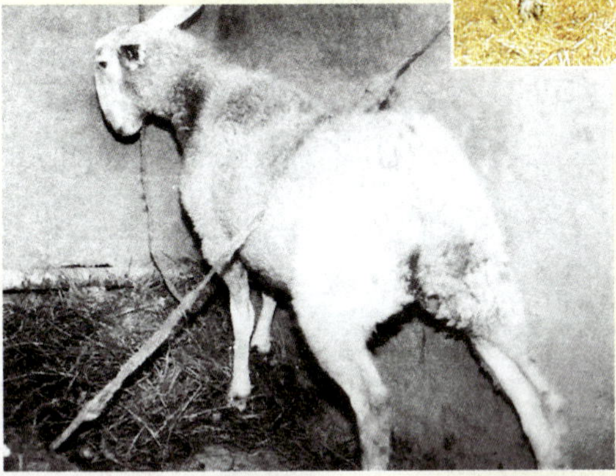

绵羊痒病：病羊摩擦发痒的背部皮肤

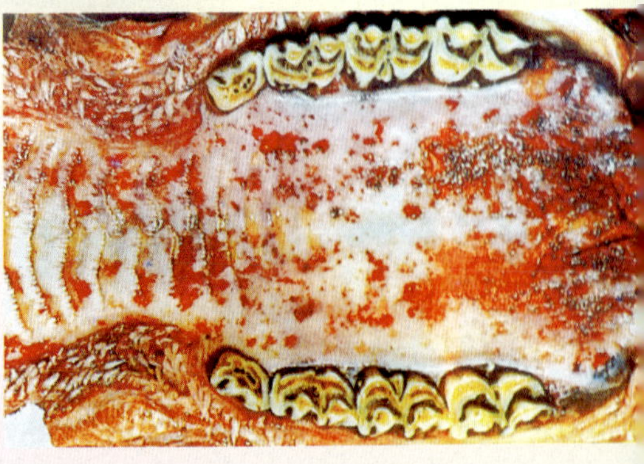

牛病毒性腹泻－黏膜病：软、硬腭出血和糜烂（R.W.Blowey 等）

# 牛羊猝死症防治

孙晓林　编著

金盾出版社

## 内 容 提 要

本书由甘肃农业大学动物医学院孙晓林教授精心编著，结合近年来国内外的最新研究成果，对由各种因素引起的牛羊猝死症防治进行了详细介绍。内容包括：牛羊猝死症概述，牛羊猝死症的尸体剖检方法及病料的采取和送检，细菌引起的牛羊猝死症，病毒引起的牛羊猝死症，中毒因素引起的牛羊猝死症，微量元素缺乏引起的牛羊猝死症等。语言通俗易懂，内容先进可靠，适合广大养殖专业户、畜牧兽医技术人员以及各大专院校相关专业师生阅读参考。

**图书在版编目(CIP)数据**

牛羊猝死症防治/孙晓林编著．—北京：金盾出版社，2007.10

ISBN 978-7-5082-4701-4

Ⅰ．牛…　Ⅱ．孙…　Ⅲ．①牛病-防治②羊病-防治　Ⅳ．S858.2

中国版本图书馆 CIP 数据核字(2007)第 150189 号

**金盾出版社出版、总发行**

北京太平路 5 号(地铁万寿路站往南)

邮政编码：100036　电话：68214039　83219215

传真：68276683　网址：www.jdcbs.cn

彩色印刷：北京精彩雅恒印刷有限公司

黑白印刷：北京金盾印刷厂

装订：兴浩装订厂

各地新华书店经销

开本：787×1092 1/32　印张：6.375　彩页：4　字数：136 千字

2009 年 3 月第 1 版第 2 次印刷

印数：11001—22000 册　定价：9.00 元

# 目　录

# 第一章 牛羊猝死症概述

20世纪80年代以来，我国出现了一种以发病急、病程短、死亡快和病死率高为主要特征的畜禽疾病。猪、牛、羊、马、驴等多种家畜均有发病。由于病畜不见明显征兆而突然死亡，遂称之为猝死症（Sudden Death Syndrome，SDS），也有学者称之为暴死症或急性死亡综合征（Acute Death Syndrome，ADS），但实际上是一类疾病的泛称。

## 第一节 致病因素

家畜猝死症世界上许多国家都有发生。各国学者对该病的病原及防治措施都进行过研究。但报道的结果存在很大的差异。德国的 Birnbreier E 认为，含有大量硝酸盐和亚硝酸盐的饲料会引起家畜猝死症；美国的 Casterl SW 等人也报道饲喂藜可引起家畜肾中毒，从而导致死亡；美国的 Galey FD 等人经研究认为，夹竹桃及该属植物可引起家畜心肌损伤，进一步导致猝然死亡。墨西哥的 Aguirre LE 的研究显示，大肠杆菌是家畜猝死的一个病原；英国的 Otter A 等人的研究认为，肺炎也可导致家畜猝死症的发生。

该病的严重性引起我国农业部的重视，1994年5月农业部畜牧兽医司召开了河南、江苏、吉林、山东、陕西、山西等七省兽医防治站、高等院校及科研单位有关领导、专家座谈会，讨论了该病的严重性，强调加紧对该病的调查及研究工作，并对今后该病的研究重点及步骤进行了部署。

随后，各地的基层兽医工作者和有关学者进行了大量的研究，现已基本上查明了当前流行的猝死症的病因，为本病的防治提供了科学依据。

各地查出的牛羊“猝死症”病因可归纳为以下几种（表1-1）：一是产气荚膜梭菌感染及其毒素中毒；二是产气荚膜梭菌和多杀性巴氏杆菌或腐败梭菌等混合感染；三是冠状病毒、黏膜病毒感染；四是产气荚膜梭菌与黏膜病毒混合感染；五是氟乙酰胺、磷化锌中毒；六是呋喃丹、砒霜中毒；七是有机磷农药中毒；八是立克次氏体感染（心水病）；九是营养性硒、铜缺乏。但由于引发家畜猝死症的病因比较复杂，各地并不完全一样。就一个地区和病例而言，可能只是由一种病因引起；但对其他地区来说，可能由多种病因引起，本来不能引起动物死亡的病因，当几种病因同时进入动物体内，相互协同，从而引发动物猝死。另外，当动物抵抗力下降，或者体内缺乏一些微量元素时，也可能使一些条件性致病菌出现致病，严重时导致牛羊猝死。各地区应对本地发生的猝死症进行深入调查研究，并从临床、病理、微生物、营养代谢及中毒等多方面进行诊断，确定病因，以采取切实有效的措施控制本病的流行。

**表1-1　不同省份家畜猝死症的主要病因**

| 地　区 | 病　因 |
| --- | --- |
| 河南省、四川省 | 产气荚膜梭菌、巴氏杆菌、链球菌、农药中毒 |
| 安徽省 | 产气荚膜梭菌、巴氏杆菌、冠状病毒 |
| 甘肃省 | 产气荚膜梭菌、铜缺乏、立克次氏体感染 |
| 河北省、云南省 | 巴氏杆菌、腐败梭菌、李氏杆菌 |
| 山东省 | 凝结芽孢杆菌与克雷伯氏菌协同感染 |
| 海南省、贵州省 | 克雷伯氏菌和产气荚膜梭菌、农药中毒 |

**续表 1-1**

| 地区 | 病因 |
|---|---|
| 江西省 | 呋喃丹、砒霜中毒 |
| 陕西省 | 产气荚膜梭菌、农药中毒、铜缺乏 |
| 宁夏回族自治区 | 产气荚膜梭菌、农药中毒、硒缺乏、立克次氏体感染 |
| 青海省 | 产气荚膜梭菌、溶血梭菌 |
| 吉林省 | 产气荚膜梭菌、腐败梭菌、冠状病毒、黏膜病毒、硒缺乏 |
| 江苏省 | 产气荚膜梭菌、腐败梭菌 |
| 新疆维吾尔自治区 | 巴氏杆菌、产气荚膜杆菌、农药中毒 |

## 一、传染因素

根据本病的地方散发性，发病有一定的季节性，并有逐步蔓延的趋势，许多学者怀疑为传染病，并对死亡病畜（禽）的病料进行了微生物学检验，包括病料的抹片镜检，病原菌分离培养，生化鉴定及动物试验等实验室研究。发现传染性因素主要有细菌、病毒和其他具传染性的微生物。这些传染性因素可以单独致病，也可以混和致病。

**（一）细菌病**　1980～2005 年的资料报道，全国各地的家畜猝死症主要病原是产气荚膜梭菌，包括以前报道较少引起肠毒血症的 A 型产气荚膜梭菌；另外还有 B、C、D、E 型。其中既有产气荚膜梭菌的单独感染，也有与其他细菌的混合感染，如与多杀性巴氏杆菌、肺炎克雷伯氏菌、腐败梭菌等的混合感染。

**1. 产气荚膜梭菌感染及其毒素中毒**　卢中华等（1996）采集 81 头份河南省病死畜的 167 份病料，检验分离出产气荚膜梭菌 67 头份（占 82.7%）；王自振等（1997）对河南洛阳、信阳等地送检的猪、牛、羊病料进行病原菌分离培养，结果从病料中分离出了产气荚膜梭菌，进行血清学分型鉴定，确定猪为A型，牛、羊为C型；刘安典等(1998)从陕西省一些地区的14份猝死症病死畜中分离到12株产气荚膜梭菌(其中9份确定为A型，其他3株因毒力较弱未定型)，从而确定这些地区流行的猝死症是由产气荚膜梭菌所致；魏喻信等(1997)对甘肃省西峰市8份牛猝死症病料进行实验室诊断，从5份小肠内容物中检查出了A型产气荚膜梭菌，结合临床症状和病理变化，认为西峰市牛猝死症是由以A型产气荚膜梭菌为主的病原菌引起的；潘耀谦等(1996)通过对吉林省猝死症牛尸体病理形态学观察，发现呈现以毒血症变化为主的特征，与A型产气荚膜梭菌的致病机制相符合，并报道在自然病例中产气荚膜梭菌的检出率最高，为97.36%；姚湘燕等(1996)对吉林省38头猝死病牛脏器进行细菌学检查，产气荚膜梭菌的分离率为100%，费氏柠檬酸杆菌和绿脓假单胞杆菌的分离率均为59%，变形杆菌的分离率为37%，大多数病牛可检出两种以上细菌。分离的几种主要菌均有较强的致病力，以产气荚膜梭菌的毒力最强，经中和试验确定为A型产气荚膜梭菌。

此外，全国许多地区也都从猝死症病畜中分离出了产气荚膜梭菌。所以，产气荚膜梭菌是引起我国家畜猝死症的主要病原。

**2. 肺炎克雷伯氏菌病**　该菌由牛钟相等从发生猝死症的羊中分离得到。1992年冬，山东省菏泽地区首先发生了山羊猝死症，随后蔓延到全省17个地区。仅1994年，就死亡山羊52万余只。牛钟相等人经分离病料发现，该病主要由肺炎克雷伯氏菌(分离率92%)和凝结芽孢杆菌(分离率98%)引起。通过对小动物和山羊接种发现这两种菌单独致病性弱，而同时接种后，则致病性增强。因此，初步认为这两种菌是通过协同作用使山羊发病的。用两种细菌制成的混合灭菌苗以5毫升和8毫升剂量免疫山羊,21天后用两种菌的致死量攻击,均获得完全保护,证实该疫苗对山羊有较好的免疫力。陈兴生等(1997)从海南省定安县病死黄牛、水牛中也分离出肺炎克雷伯氏菌,且多与C、D型产气荚膜梭菌混合感染。

**3. 腐败梭菌病** 郑文波等(1995)对河北省家畜猝死症进行了流行病学调查,他们从发病地区采集病死畜153头(只),病料238份,并从中分离出腐败梭菌8份(分离率5.1%)。尽管该菌分出率低,但它能产生外毒素且常和其他细菌混合感染,从而引起动物猝死。

**4. 巴氏杆菌病** 多杀性巴氏杆菌大多与产气荚膜梭菌混合感染使动物发生猝死,也有单独引起猝死的报道。李兰春等(1996)曾报道过河北省遵化市因牛巴氏杆菌而导致耕牛发生猝死症。王红宁等(1995)对四川达县发生猝死症的耕牛进行了诊断,从病料中分离培养出了产气荚膜梭菌和多杀性巴氏杆菌。史学增等(1995)对吉林省四平市等地114份肉牛病料涂片镜检,检出巴氏杆菌32份,产气荚膜梭菌6份,其他细菌18份。分离培养50头份,检出巴氏杆菌16份。据此,可初步认为巴氏杆菌、产气荚膜梭菌感染密切相关,存在条件致病的可能性。钟喜贵等(1995)根据流行病学,临床症状,剖检变化及实验室检验(病料涂片镜检出巴氏杆菌,细菌培养呈现巴氏杆菌菌落形态),诊断吉林省辽源市猝死症为牛巴氏杆菌感染引起的牛出血性败血症;卢中华等(1994)报道了安徽省和河南省部分牛羊猪巴氏杆菌和产气荚膜梭菌混合感染引起的猝死症。

**5. 链球菌病** 陈建军等(1995)报道,河南省济源市某村1994～1995年相继发生耕牛猝死症,先后发病18头牛,全部死亡。经病原菌分离培养，证实为由链球菌与产气荚膜梭菌混合感染引起。

**6. 溶血梭菌病**　李文京等 1995～1996 年从青海省的牦牛、海南省的水牛和四川省的黄牛猝死症病料中分别分离出了致病性较强的溶血梭菌。它主要发生于牛，绵羊较少发病。通过血清学试验证明其与诺维氏梭菌有血清学关系。另外，据有关资料介绍，牛溶血病的发生，与肝片吸虫等寄生虫感染密切相关。因此，在防治本病时，也要对寄生虫病进行防治。

**7. 单核增生性李氏杆菌感染**　杨光华(2004)对云南省曲靖市近年流行的家畜猝死症进行了流行病学调查、临床症状观察、病理剖检，并对先后采自 7 个县(市)区的 24 份病料进行了病原分离、动物接种试验、生化鉴定、肠毒素定型及药敏试验。共分离到细菌 24 株，其中单核细胞增生性李氏杆菌 20 株，A 型产气荚膜梭菌 2 株，C 型产气荚膜梭菌 2 株，采取相应的综合防治措施后，2003 年冬季到 2004 年春、夏季再未发生新的疫情。

**8. 其他细菌感染**　还发现有大肠杆菌、沙门氏菌、志贺氏菌等和产气荚膜梭菌混合感染的病例的报道。

**(二)病毒病**　已报道从猝死症病畜中分离出的病毒主要有两种：黏膜病毒和冠状病毒。韩慧民等(1996)从吉林省发生猝死的黄牛肝脏、心脏中分离出了 2 株黏膜病毒，并认为可能是黏膜病毒侵入机体后，使牛呈现免疫抑制状态，从而使产气荚膜梭菌大量繁殖，发生黄牛猝死症。常国权应用电镜观察从吉林省双阳等地发生猝死的黄牛 85 份病料中，分离出 56 份冠状病毒(占 65.9%)，24 份黏膜病毒 (28.2%)，7 份病料有冠状病毒和黏膜病毒混合存在(8.2%)；12 份未见任何可疑病毒颗粒(14.1%)。此外,从非发病区20头健康黄牛心脏中,检出了14份冠状病毒。同时发现,冠状病毒在心肌组织内的含量最多,其他依次为肝脏>脾脏>肾脏>肺脏。黏膜病毒在肝、脾内的含量最多。杨盛华等也从猝死犊牛和犬的心肌病料中分离出了典型的冠状病毒,但它们是否是导致黄牛和犬发生猝死的主要原因还有待于进一步研究。

尽管目前已分离到这两种病毒,但对它们致死家畜的机制还不很清楚。李佑民等(1996)用两种病毒的细胞培养物对黄牛静脉注射后发现,虽不能致死黄牛,但可使其抵抗力下降(2/3黄牛白细胞减少,淋巴细胞增多),且2/3的牛出现不正常心电图。因此,他们认为这两种病毒可能是黄牛发生猝死症的重要诱因之一。

## 二、微量元素缺乏

微量元素虽然在体内含量较少,但它们却是生命活动所必不可少的。一旦机体某种元素缺乏,就有可能使家畜发病,严重的甚至导致死亡。目前,报道引起家畜猝死症的主要有硒和铜缺乏,其中对硒的报道较多。

**(一)硒缺乏**　我国大部分地区处于硒缺乏状态,由此引起畜禽硒缺乏病多有发生。硒具有抗氧化作用,是谷胱甘肽过氧化物酶(GSH-$P_X$)的活性中心元素。谷胱甘肽过氧化物酶能破坏过氧化物,并还原其为相应的羟基化合物,从而防止细胞被过氧化物所破坏。当机体缺硒时,该酶活性降低,对过氧化物的分解作用下降,使过氧化物积聚,造成细胞和亚细胞脂质膜的损害,从而使组织发生变性、坏死,同时损害胰及某些淋巴组织,严重时,可引起家畜猝死。史学增等(1995)对吉林省长春市某奶牛场发生猝死的15头奶牛进行研究后认为是由缺硒引起的猝死，用亚硒酸盐、维生素 E 对健康牛注射效果较好。郭德宝等(1997)对宁夏泾源等四县发生猝死的黄牛进行检验，但未检到任何病原菌和有毒物质，后根据地方缺硒史料、症状、病理变化、全血硒含量测定及用硒制剂防治效果较好，确诊为硒缺乏症。但唐昌茂等(1997)对宁夏回族自治区 13 个县(市)发生的家畜猝死症经流行病学、病理剖检、病原微生物分离和微量元素监测，并通过诊断性防治的研究，初步证明是由产气荚膜梭菌引起的肠毒血症为主因，硒缺乏仅是家畜猝死症的诱因之一。李佑民等(1996)为了探讨黄牛缺硒与猝死症的关系，对发病区与非发病地区黄牛的硒含量进行了对比检测，非发病区和发病区黄牛毛含硒量均较低，但非发病区毛含硒量显著高于猝死症牛毛，认为硒缺乏也可能是引起吉林省黄牛猝死症的一个重要诱因。

**(二)铜缺乏** 铜是形成血红蛋白所必需的，它还是许多酶如酪氨酸酶、细胞色素氧化酶等酶的组成成分；同时还参与细胞色素 C、抗坏血酸氧化酶的合成，具有保证机体正常色素沉着、骨骼发育和生殖等多种生物学作用。刘超(1989)通过对陕西省富县某村发生猝死的 12 头黄牛研究发现，患病牛血清铜含量为 64.7 微克/100 毫升(正常 78.01～316.23 微克/100 毫升血清)，肝铜含量为 751.2 毫克/千克(正常 887.4～1 860.9 毫克/千克)，病区饲料和牧草铜含量为 3.2～4 毫克/千克。再结合临床症状和多数牛贫血，因此，推测猝死症可能是由营养性缺铜引起的贫血和代谢障碍，心肌纤维变性引起。经对病牛治疗后，效果良好。

## 三、中毒因素

我国明令禁止生产使用的氟乙酰胺灭鼠药仍在一些地方

生产销售和使用，造成家畜误食毒饵、二次中毒或人为投毒引起的中毒事件不断发生，甚至造成大批死亡。从各地报道情况分析，由中毒原因引起的猝死症多为灭鼠药（氟乙酰胺）中毒。氟乙酰胺进入机体后，可水解脱氨形成氟乙酸、氟乙酸和乙酰辅酶 A 作用，使三羧循环中断，柠檬酸积聚，引起机体代谢障碍，心肌和中枢神经系统等器官受损，使动物呼吸抑制、循环衰竭而死。徐荣平等（1996）对安徽省灵璧县发生猝死症的 9 头黄牛的脑、心脏、肝脏和脾脏等进行了细菌学和病毒学检查，未发现任何致病性细菌和病毒，炭疽沉淀反应阴性。但通过对瘤胃内容物用 3 种不同方法进行氟乙酰胺检验，结果全部呈阳性。再结合发病情况、临床症状和当地鼠药的使用状况，确诊为氟乙酰胺中毒。从 1993 年 9 月至 1995 年 6 月，贵州省 14 个县（市）的 176 头（匹、只）各种家畜在采食后不久猝死，多数为膘情好的青壮年耕牛、肥猪和健壮马匹，在猝死耕牛村寨放牧的地区和牲畜必经的路旁，常有灭鼠药用后废弃的药瓶。病料经细菌学、病毒学检验均为阴性，胃内容物氟乙酰胺检验阳性，确诊为氟乙酰胺中毒。孙荣华等（1996）采集 4 例猝死牛病料进行细菌和病毒学检验，未发现任何致病菌和病毒。对 1 例死亡牛胃内容物分析，发现有氟乙酰胺，结合发病情况，临床症状诊断河南省邓州市等地猝死症为氟乙酰胺中毒引起。安徽省发生猝死症的 29 个县（市）中，有 14 个县（市）在 20 次发病过程中采集了牛、猪、羊和兔的病料和饲料等进行检验，诊断为有机氟中毒，毒源调查证明是氟乙酰胺。从 1994 年 11 月以来，广西柳州市 12 个乡镇死亡耕牛 279 头，牛死后马上有人来收购，从瘤胃中发现到小拇指样大小装氟乙酰胺鼠药的塑料瓶，公安机关破获毒牛团伙 12 个，查出 80%死亡属罪犯投毒所为。郭长明（1997）报道，河南省南阳地区牛猝死症的病原是氟乙酰胺中毒；危恭旺(1994)从江西省发生猝死症的家畜中还分离出了呋喃丹和砒霜，并认为人为投毒是当地发生猝死症的主要原因。谢玉生(1996)报道，云南省永善县一些不法分子为牟取暴利，购买灭鼠药磷化锌毒杀耕牛 43 头，猪 200 余头。

### 四、其他因素

有时许多家畜因对某些物质过敏而引发猝死。关淑媚等(1996)曾报道黑龙江省哈尔滨市某国营种鸡场猪队在进行猪瘟预防注射时，仔猪因对疫苗过敏而出现猝死。此外，蔡延忠 (1998)曾报道过骡因对磺胺类药物过敏而发生猝死的病例。达能太等(2004)报道内蒙古自治区由藜科虫实属的蒙古虫实(当地牧民称长羊蒿，蒙语名为查干-抗呼格)能引起羊猝死。

另外，应激因素有时也会导致家畜发生猝死症。这种病例多发生在春播及秋收时，家畜在长时间休闲后，因突然使役强度加大，导致急性心力衰竭而死亡。张广运(1991)在研究猝死症时，曾用耕牛进行人工病例复制并对死亡耕牛进行尸体解剖，结果与自然发生的猝死症病例完全一致。

除上述因素外，吕韶明等(1996)还曾报道过由不明原因引发的猝死症。他们对陕西省清涧县发生猝死的病畜进行了实验室检验，未分离出细菌和病毒，也未检出有毒物质，营养代谢方面的因素也可排除，具体病因有待进一步研究。

## 第二节　流行病学特点

本病呈地区性散发，主要侵袭膘情较好的幼龄家畜。近年来，本病的发生有一个新特点，就是大龄家畜的发病和死亡率有增加的趋势。该病一年四季均可发生，但以冬、春季节发病较多。多种家畜发病，但以牛为主，据统计家畜猝死症已在河南、海南、吉林、江苏、山东、陕西、山西、安徽、四川、河北、辽宁、宁夏、甘肃、青海、湖北、湖南、江西、广西、云南、内蒙古、贵州、福建等22个省、自治区的586个县、市发生流行，其中北方省份以牛发病较多，而山东省主要是羊，江苏等省主要是猪，还有鹿和马属动物，受感染者多为急性死亡。本病发病急，病程短，致死率高，死亡前症状不明显或前驱症状很少，常常于发病数小时内死亡，也有病程持续1～3天，常来不及治疗。只有很小比例家畜经治疗可耐过，死亡率常高达95%以上。

陕西省因猝死症发病死亡大家畜3 343头，其中死牛2 536头，所占比例为75.7%，有些疫点只有牛、羊发病死亡。陕西省多种家畜发病但以牛为主，以2～4岁青壮年牛多发，母畜比公畜较多，同圈饲养的家畜有全圈都发病死亡的，也有部分发病而其余不发病的。本病长年发生，以冬、春季为高发期。全省每月都有病例发生的报告，但冬、春季多发，夏季明显减少，1～3月份发病病例占总病例数的79.47%。发病呈地方流行性，全省各地呈区域性发病，既有散在的发生，也有相对集中的流行。

在河南省，本病自1985年8月份第一次发生于周口地区淮阳县，目前主要于周口、商丘、永城和夏邑等地发生较多。近年来，河南省信阳地区，猪只感染严重，死亡率明显增高。

在安徽省，本病的发病地区为亳州、蒙城、太和、利辛等县、市，每年各地因本病死亡黄牛2 000头，经济损失十分惊人。牛、羊、猪发病多为急性经过，常不见任何前驱症状而突然死亡。

在广西壮族自治区，牛猝死症发生在广西全境不同地理位置，有的还伴随发生家禽、猪、狗突然死亡。牛猝死症普遍表现为发病突然，死亡迅速，一般1～2小时死亡；病牛狂躁不安，转圈运动，呼吸困难，口、鼻流出泡沫或红色水样物，全身肌肉震颤，四肢无力，倒地死亡。据大多县、市反映，牛发生猝死症没有传染性和流行性。

2000年广东省阳春市松柏镇、岗美镇零星散发耕牛猝死症，累计死亡耕牛60多头。2001年4～5月份该地区再次发生2头耕牛猝死。发生呈地方流行性零星散发，有一定的区域性，在饲养管理条件相似的同一地区，有的村发病较多，有的村较少发病或不发病；病程短则数分钟至数小时，长则几小时至数十小时，死亡率几乎100%，罕有救活的病例。

1992年以来，海南省安定县黄牛、水牛发生以突然发病、病程短、死亡率高为特征的疾病。1995年6月首次自猝死症病牛中检出D型魏氏梭菌后，陆续从病例中检出C型魏氏梭菌。在1996年6月从病例中又检出肺炎克雷伯氏菌。可见在海南省引起牛猝死症的病因较为复杂。

## 第三节 病理变化

对牛猝死症的病理变化的描述不尽相同，不同的报道有一定的差别。

### 一、吉林省家畜猝死症的病理变化

潘耀谦等(1996)对吉林省由多种病因引起的28头确诊为猝死症的病牛进行了详细的病理形态学观察，发现病尸营养良好，腹部多膨大，可视黏膜潮红，鼻孔和口腔常有灰白色半透明状浆液性分泌物流出。切开皮肤，皮下血管扩张充血，从血管的断端流出较多凝固不全的血液。胸、腹水增量，常呈淡黄色或淡红色。

**（一）实质器官的主要眼观变化** 心外膜的淋巴管扩张，呈乳白色条索状，在冠状沟及左、右纵沟部常见斑点状出血，心耳的边缘部亦见散在或密集的出血点。心脏横径显著增大，右心壁变薄、塌陷，右心室常有凝固不全的血液。左心室的乳头肌及瓣膜下的心内膜部，多有斑点状或线条状出血，心肌质地较脆弱。肝脏轻度肿大，色泽变淡，被膜下有时见少量出血点，切面有少量凝固不全的血液流出，胆囊膨大，内含多量墨绿色豆油样黏度的胆汁。脾脏多不肿大，但其质地较软，切面用刀刃轻刮时见有少量红髓组织附着。肾脏轻度肿大，被膜易剥离，皮、髓质界限清楚，皮质部稍显增宽。肺脏膨满，边缘变钝，表面有散在或密发的出血点，肺间质明显增宽，切面上见血管的断端中有凝固不全的血液流出，支气管和小支气管的断端见有少量泡沫液体流出，肺实质中散在一些质地较坚实的红褐色病灶。脾门、肝门和肺门淋巴结多呈髓样肿胀，质地坚实；肠系膜淋巴结呈串珠样肿大，被膜和切面可见到出血点或呈大理石样外观，切面湿润多汁，流出较多淡灰色或淡红色淋巴液，淋巴结的质地较软。大脑和脊髓软膜淤血，脑脊液增量，脑室显扩张。

**（二）胃肠道所见的主要病变** 瘤胃内常积有大量食物，并放出较多气体。瘤胃、网胃和瓣胃的黏膜易脱落。皱胃黏膜上覆有少量黏液，并见点状出血和轻度淤血。小肠黏膜肿胀，黏膜面上覆有多量黏液，并见点状或弥漫性出血，严重时，肠内容物红染，混有大量血液，形成血肠子。大肠黏膜亦肿胀和被覆较多的黏液，黏膜面常见少量出血点或沿肠皱襞形成线条状出血。直肠黏膜偶见出血。

### （三）微观变化

**1. 心脏** 心肌纤维营养不良，横纹不清，并发生颗粒变性，偶见肌核浓缩，呈小灶状凝固性坏死。肌间较疏松，呈轻度水肿状。小血管内皮细胞肿胀，外膜细胞轻度增生，在一些小血管周围浸润有较多的淋巴细胞和少量浆细胞。肌间毛细血管数目较少，一些病例的血管腔中有透明血栓形成。心内膜下的浦金野氏纤维呈节段性肿大，肌浆疏松，着染不均，肌原纤维排列紊乱，呈显出水肿状。大部分病牛的心肌纤维中均见散在的住肉孢子虫的米氏囊。

**2. 肝脏** 肝细胞索排列紊乱，并见有渐进性凝固性坏死病灶。中央静脉和窦状隙扩张，内含少量血液。中央静脉周围的肝细胞体积较小，胞核浓缩，在肝细胞和血管周围常见一些均质染成灰蓝色的组织碎屑凝集物。小叶周边的肝细胞常发生颗粒变性、脂肪变性或糖原溶解。汇管区的结缔组织中常见一些淋巴细胞、嗜酸性粒细胞和嗜中性粒细胞浸润。一些病例的小血管中还发现有淡蓝色着染的细菌团块。中央动脉周围的网状纤维断裂呈碎块状。

**3. 脾脏** 脾小体数目较少，具有明显的生发中心。中心中网状细胞增生，形成较多的单核细胞，中央动脉周围有较厚的淋巴鞘。脾窦扩张，内含较多的红细胞，有的红细胞形态不整，互相黏着。另在脾窦中还见大量组织碎屑，一些血管腔和组织中有淡蓝色的菌块。网状纤维断裂，形态结构紊乱。

**4. 肺脏** 病变部肺泡中毛细血管扩张充血，内含大量红细胞，肺泡腔中有大量浆液性渗出物、少量脱落上皮和增生的尘细胞，小支气管内亦有浆液和脱落的上皮。部分肺泡隔断裂，肺泡腔增大，形成肺泡性肺气肿变化。

**5. 肾脏** 肾小球肿大，其内的毛细血管内皮肿胀，管腔狭窄，一些毛细血管腔中可见到凝集的红细胞和纤维蛋白，肾小囊扩张，有的含有少量蛋白样物，一些囊上皮细胞增生，并形成环状体样构造。肾小管上皮细胞发生颗粒变性或脂肪变性，细胞肿大、脱落，在肾小管中形成管型。间质中血管扩张充血，并见有少量淋巴细胞、嗜中性粒细胞和嗜酸性粒细胞浸润。一些病例的肾间质中见有明显的结缔组织增生和淋巴细胞浸润，形成局灶性间质性肾炎病变，严重的可见肾小球硬化。

**6. 淋巴结** 淋巴小结数目增多，体积增大，具有明显的生发中心，此处的网状细胞增生，并浸润有较多的巨嗜细胞、少量浆细胞和嗜酸性粒细胞。毛细血管后微静脉内有大量淋巴细胞、少量浆细胞和嗜酸性粒细胞。副皮质区部弥散大量小淋巴细胞，使副皮质区明显增宽。髓质及皮质淋巴窦扩张，内含大量淋巴细胞、浆细胞、单核细胞和较多的嗜中性粒细胞，在一些病例中还见大量红细胞。髓索增粗，聚集多量淋巴细胞、浆细胞、单核细胞和网状细胞。被膜、小梁和实质中的小血管多处于扩张状态，其内含有大量的红细胞。网状纤维增多，呈细网状。髓质部部分网状纤维断裂、排列不整。

**7. 大脑** 软脑膜和实质中血管扩张充血，血管周隙增宽。灰质中神经细胞轻度固缩，胞质着色较深，少数神经元坏死、崩解，形成大小不等、形态不一的坏死灶。白质中见有轻度的局灶性髓鞘脱失现象，此处的胶质细胞明显增生。

**8. 小脑** 脑实质中血管扩张充血，血管周隙增大，并见有局灶性出血。浦金野氏细胞胞质深染，并见少数细胞的核浓缩或崩溶。白质中有少量脱髓纤维，并见有初发性软化灶形成。

**9. 胃** 瘤胃、网胃和瓣胃无明显病变。皱胃黏膜上皮剥脱，形成大量黏液状物。固有层血管扩张充血，胃腺中壁细胞数目增多、肿大，其胞质中充满苏木精-伊红着染的微细的红颗粒。固有层和黏膜下层疏松，呈轻度水肿状。

**10. 肠管** 小肠黏膜上皮脱落，固有层裸露，其内浸润较多的淋巴细胞、嗜酸性粒细胞、少量单核细胞和浆细胞，并见局灶性出血。病变严重时，常见黏膜上皮坏死，固有层血管扩张充血和出血。肠壁淋巴小结肿大，生发中心明显，在靠近黏膜面浅层部有较多的浆细胞。大肠黏膜上皮剥脱，偶见浅层坏死，呈淡红染丝网状。固有层中血管扩张充血，多见局灶性出血，并见较多淋巴细胞和浆细胞浸润。腺体中杯状细胞明显增多，可见大量淡灰蓝色黏液形成。黏膜下层血管扩张充血，组织疏松呈轻度水肿状。

## 二、甘肃省家畜猝死症的病理变化

魏锁成(2001)对发生在甘肃省张家川回族自治县境内的牛猝死症进行了尸体眼观变化和病理剖检变化的分析。

大部分病死牛尸体完整，腹部膨大，头颈伸直，口腔内布满黄涎，带有白色泡沫混有血液，舌伸出口外，肛门外翻，有些病牛尸体的口、眼、鼻、肛门流暗红色血液，不凝固。尸体剖检变化如下：

**1. 肝脏** 肿大，边缘变钝，有局部坏死区，肝脏表面有白色纤维性沉着物，胆囊肿大，胆汁黏稠，有些胰脏出血或淤血。

**2. 肾脏** 有小点状突起的出血点且稍肿大，肾脏包膜有出血点，呈胶冻样浸润，少数膀胱内积有红色尿液。

**3. 气管和支气管**　内有白色泡沫样液体，肺脏肿大，色深，肺尖叶淤血明显，表面有出血。有的病死牛肺脏和胸膜上有小出血点并覆有一层纤维膜，小叶间结缔组织呈浆液性浸润并增宽，但切面不呈明显的大理石状。

**4. 心脏**　心包腔积液，呈黄绿色，心外膜、心肌与心冠脂肪上有出血点，心内膜也有充血和出血，心房与心室内有凝血块。

**5. 胃肠道**　瘤胃积食膨胀，瓣胃秘结，真胃空虚。小肠出血，胃肠黏膜部分脱落，空肠和回肠尤为明显，肠内容物呈酱油状，肠壁变薄，小肠呈现均一的紫红色或紫黑色。

**6. 腹腔和胸腔**　都大量积液。

**7. 血液**　黏稠、色泽暗红，部分皮下有出血点。

**8. 四肢关节囊**　内有酱黄色黏稠带泡沫样液体。

**9. 系膜淋巴结**　明显肿大、出血并有坏死灶，切面呈大理石样。

个别病死牛咽喉部有溃疡灶，附着有干酪样物质。

## 三、宁夏回族自治区家畜猝死症的病理变化

裴鸣等(1999)对宁夏回族自治区由产气荚膜梭菌及其毒素(其中A型14例，C型5例，D型7例)引起的家畜猝死病料(其中牛23例，羊5例，驴2例，骡2例，鹿2例)进行了病理解剖观察。

**1. 心脏、胸腔、腹腔和心包腔**　见有黄色稍浑浊的积液(29/34)，少数病例有血性积液(4/34)。心脏扩张，心肌松软，心内膜和心外膜散布有点状或斑纹状出血(34/34)，其中以冠状沟和纵沟出血最明显。

**2. 肝脏** 肿胀呈暗红色，被膜下有点状或弥漫性出血(27/34)，少数呈土黄色(3/34)，表面有小的灰白色坏死灶(4/34)。胆囊增大3～4倍(29/34)且充满胆汁。

**3. 脾脏** 肿胀不明显，被膜下或边缘部有出血点(18/34)。

**4. 肺脏** 淤血、水肿、间质气肿(13/34)，少数病例气管和支气管内充满红色的泡沫状液体(3/34)，多数病例病变不明显。

**5. 肾脏** 肿胀呈紫红色，被膜下有出血小点(11/34)，被膜紧张易剥离。肾实质呈灰黄色，质地较软(6/34)。

**6. 淋巴结** 全身淋巴结肿胀，表面湿润、充血、出血，髓质部呈黑褐色，切面有浆液流出(19/34)。

**7. 胃** 反刍动物胃内充满食物，前胃黏膜易脱落，有点状或片状出血(17/34)。真胃黏膜水肿、脱落或有弥漫性出血(21/34)。

**8. 肠** 大小肠内均充满气体，黏膜有不同程度的充血和出血点(34/34)，尤其是小肠黏膜的充血和出血使整个肠壁呈红色，有的出现溃疡，表现为急性出血性肠炎。

**9. 脑** 共采集3例生前有神经症状的病尸脑组织，可见硬脑膜有少量小的出血点，脑膜下血管充血，脑实质肿胀、较软，有小的灰白色病灶。组织学检查见脑血管扩张、充血，大脑神经细胞变性、坏死，可见到卫星现象和嗜神经现象，有些部位有液化性坏死灶。

**10. 骨骼肌** 采集严重缺硒地区(泾源县)病死牛骨骼肌4份，其他地区的2份，前者除颜色稍淡外无其他明显眼观变化。组织学检查发现缺硒地区病例的肌肉组织有轻微的退行性变化，表现为部分肌纤维肿胀、颗粒变性、伊红着色不均匀，横纹和纵纹不清楚或消失；骨骼肌局部纤维弯曲呈波浪状或细胞核增多形成链状，个别部位有嗜中性粒细胞、巨噬细胞和淋巴细胞浸润，未见有明显的肌纤维断裂、坏死和崩解现象。

## 四、山东省山羊猝死症的病理变化

匡宝晓等(1997)对山东省由凝结芽孢杆菌和克雷伯氏杆菌肺炎亚种引起的山羊猝死症病理学观察发现，各种组织内的小动脉均发生炎性变化；肝脏有淋巴细胞、嗜中性粒细胞和嗜酸性粒细胞以及肝细胞变性坏死等炎性变化；肺脏呈典型的间质性肺炎、支气管和血管周围炎；肾脏主要呈急性肾小球肾炎和出血；脾脏呈急性炎性脾肿；淋巴结呈急性浆液性淋巴结炎，都有程度不同的嗜中性粒细胞和嗜酸性粒细胞浸润。

正常的器官形态结构是维持器官功能的基础，患猝死症而死亡的牛、羊，其病尸不论是宏观还是病理组织学检查，均未发现本病所特有的信息性病变，而常见的病变为功能器官的变性和渐进性坏死等退行性变化，如肝细胞变性、糖原溶解和中央动脉周围的细胞核浓缩；肾小管上皮变性和脱落；心肌纤维变性和少量散在的凝固性坏死；脑组织缺血、缺氧引起的部分神经细胞固缩以及胃肠道的卡他性炎症等。其中病变较明显、引起功能障碍而形成与猝死有关的恶性循环为：肝脏功能降低可影响解毒功能，使机体产生的和进入机体的外来毒素得不到及时降解；肾脏受损时，有害物质不能在短时间内排出体外，而在体内蓄积，继续发挥作用；胃肠道受损时，功能发生障碍，胆汁排除受阻，菌群平衡失调，黏膜屏障破坏，大量有毒物质可吸收入血；心脏功能减退，心输出量减少，首先引起对氧最敏感的神经系统的综合功能障碍，从而加重全身神经-体液调节平衡障碍。总之，可能是这些互为因果的损伤性循环的发生，大大地超过了机体的抗损伤性水平，故导致牛、羊突然死亡。

## 第四节　危 害 性

20 世纪 70 年代黄牛猝死症在河南省南阳地区被首次报道后，在 80 年代后扩大蔓延，近年来各地报道增多，发生范围扩大，已在河南、山东、安徽、江苏、黑龙江、吉林、湖北、福建、江西、广东、海南、贵州、山西、陕西、宁夏等省、自治区相继发生。由于本病发病急，死亡快，无有效的治疗和预防措施，加之多集中于一个村或养牛户发生，因而被蒙上一层神秘色彩，引起养牛户的极度恐慌和社会的极大关注。

本病最初多见于牛，之后发病畜种不断增多，几乎见于牛、羊、猪、马、驴、骡、犬、猫、兔、鸡、鸭、鹅等全部畜禽，因此亦称家畜猝死症。一年四季均有发生，但以冬、春季多见。发病动物无明显的品种、性别、年龄差别。在牛，以青壮年牛和中上等膘情牛多见，发病突然，无可见的前驱症状。死亡快，多在使役中或饲后、歇息时，牛只突然肌肉震颤，呼吸促迫，心跳急速，心律失常，口吐白沫，吼叫，四肢战抖，倒地死亡。病程多在数分钟至 2 小时，个别病例可持续 1～3 天。死亡率极高，达 98%以上。病尸剖检可见以全身性实质器官广泛性出血为突出特征，带有明显全身中毒的毒血症样病变。如牛心肌变性，心耳有斑状或点状出血，肺脏水肿、淤血；肝脏、脾脏、肾脏肿大，出血或淤血，胃黏膜脱落，肠管有大面积卡他性出血性炎症。病理组织学变化常见肝细胞、心肌和其他实质器官细胞发生颗粒与空泡样变性。

河南省的家畜猝死症最早发生于周口地区淮阳县，1988年后疫情逐年上升，并传播到周口地区的10个县、市，商丘、驻马店地区也有部分县、市发生。据不完全统计，1993年底以前，累计牛发病27个县、市，2 242个村，发病牛9.4万头，死亡9.2万头；发病羊2.1万只，死亡1.98万只；猪发病8个县、市147个乡，1 822个村，发病猪79 585头，死亡61 971头。1994年疫情更为严重，发病地区有周口、商丘、驻马店、信阳、南阳、许昌、漯河、开封、平顶山、三门峡、新乡、安阳、濮阳等13个市(地)，75个县，6 200个村，仅1～9月份发现病畜7.65万头(只)，死亡6.32万头(只)，其中牛发病2.02万头，死亡1.99万头，致死率达98.67%；羊发病2.92万只，死亡2.4万只；猪发病3.7万头，死亡2.4万头。仅信阳地区由1989年的一个乡，两个村，目前蔓延至全区的9个县(市)，147个乡(镇)，1 823个村，发病牛达1.6万头，死亡1.4万头，致死率达86.3%。邻近的山东、安徽、湖北等省也有发生。

甘肃省1993年起在平凉、庆阳、天水、陇南、兰州等地发生。甘肃全省因本病近年已死亡牛5 000多头，1996年发病1 489头，死亡1 464头，死亡率高达98.3%；在发病高峰的1995年，平凉、庆阳两地死亡牛2 000头以上，给养牛生产带来巨大的经济损失。

本病的严重性目前引起了农业部的重视，1994年5月农业部畜牧兽医司召开了河南、江苏、吉林、山东、陕西、山西等七省兽医防治站、高等院校和科研单位有关领导、专家座谈会，讨论了本病的严重性，强调加紧对本病的调查研究工作，并对今后本病的研究重点和步骤进行了部署。

据农业部 1997 年初疫情统计，本病已分布于全国 22 个省、自治区的 586 个县、市，以牛、羊、猪为主，在南方各省猪发病率较高，华中和北方各省牛、羊发病率较高。

值得注意的是，有相当一部分牛、羊猝死症的报道，根据其流行病学特点、临床症状、病理变化等，可能就是牛、羊的梭菌病或梭菌和其他病原混合感染、中毒病、普通的营养缺乏病，只是由于当时的环境情况、饲养管理情况、机体抵抗力下降等因素，引起暴发而已。

# 第二章　牛羊猝死症的尸体剖检方法及病料的采取和送检

牛、羊猝死症发病快，死亡率高，往往没有明显的临床症状，因此死后剖检就显得非常重要。掌握牛、羊尸体剖检方法，对牛、羊猝死症或其他不明病因疾病的诊断有重要意义。

尸体剖检，就是对已知、未知或有其他原因致死的动物的尸体进行解剖检查，简称尸检，是诊断疾病的重要方法。因为有些动物疾病，在生前没有做出诊断，必须在死后进行确诊，特别是动物的传染病和寄生虫病。有的疾病如中毒病，尽管死后以尸检的方法还不能做出确诊，但每一种疾病都有一定的病理变化，这样就可以提出怀疑疾病的原因。其次，动物尸检应用在兽医学和医学的多种研究工作中，因为通过尸检，能发现某些疾病和病变的发生、发展和结局的规律性，为疫病的防治提出可靠的根据。

各种反刍动物的器官（特别是内脏器官）位置大致相同，因此其尸检技术大同小异。而且小反刍动物（如绵羊和山羊）体格小、重量轻，各器官也比较小，所以尸检时比较容易。

尸检程序通常为：外部检查→剥皮与皮下有关组织、器官的检查→腹腔的剖开与检查→骨盆腔器官的检查→胸腔的剖开与检查→脑与脊髓的取出与检查→鼻腔的剖开与检查→骨、关节与骨髓的检查。

## 第一节　尸体的外部检查和剥皮及皮下有关组织、器官的检查

### 一、外部检查

剥皮之前，应首先询问病史和临诊情况，以掌握必要的资料，做到胸中有数，不可立即动刀剖尸，草率行事。在对尸体外表状态检查时，应注意猝死症和其他败血性疾病的外观区别，如怀疑为炭疽或其他人兽共患传染病，要立即取血进行抹片菌检确认，同时停止尸检并按规定进行处理。外部检查主要包括动物的一般情况（种类、品种、性别、年龄、毛色、特征、营养状况、体态等）、死后变化、皮肤、天然孔（口、眼、鼻、耳、肛门和外生殖器）与可视黏膜。外部视检对有些疾病的诊断可提供重要的线索，如口、鼻流出血液、皮肤有肿胀，可怀疑为炭疽；黏膜发黄应考虑肝胆系统疾病和血孢子虫病。

### 二、剥皮及皮下有关组织、器官的检查

**（一）剥皮**　剥皮的目的在于检查皮下有关组织或器官，有时也可不剥皮。剥皮时可由下颌间隙经过颈、胸腹下（绕开阴茎或乳房、阴户）至肛门做一纵切口，再由四肢系部经其内侧至上述切线分别做 4 条横切口，然后剥离全部皮肤。

**（二）皮下有关组织、器官的检查**　应注意检查下列组织或器官的病变和异常：皮下脂肪、血管和血液、骨骼肌、外生殖器和乳房、唾液腺、舌、咽、扁桃体、食管、喉、气管、甲状腺、胸

腺、浅层淋巴结（下颌、咽背、肩前、膝上、腹股沟浅淋巴结或乳房上淋巴结等）。

## 第二节　腹腔的剖开及腹腔器官的取出与检查

### 一、腹腔的剖开

尸体仰卧固定，自剑状软骨沿腹下正中线（白线）由前向后，至耻骨联合切开腹壁。随即自腹壁纵切口前端分别沿左、右肋骨弓至腰椎横突切开，并自纵切口后端向左右至腰椎横突切开。将左、右侧三角形软腹壁拉向背部，腹腔即被剖开。

腹腔剖开时，应立即视检腹腔脏器，注意有无异常变化。正常时，腹腔左侧大部分和右侧一部分被庞大的 4 个胃所占据，网胃位于季肋部正中矢面上，皱胃、肝脏和胆囊位于右季肋部和剑状软骨部，盲肠位于右髂部。脾脏紧贴于瘤胃背囊前部。结肠和小肠位于右腹胁部，其大部被网膜覆盖。

为了便于胃的取出，切除大网膜后，将尸体倒向左侧。

### 二、腹腔器官的取出与检查

**（一）肠的取出**

**1. 大肠、小肠、肠系膜一起取出**　当肠道无肉眼变化，或为了仔细查明大、小肠之间的病变联系以及与肠有关的肠系膜淋巴结时可采用此法。其优点是简单易行，缺点是比较粗放。具体方法：先在十二指肠起始部（幽门后）与十二指肠后端（十二指肠空肠曲）两处双结扎剪断。分离十二指肠和胰脏,使其与肝脏相连,以便三者一起取出。然后在骨盆腔单结扎剪断直肠,握住直肠断端,向前分离脂肪组织和背部所有的联系,取出大肠、空肠和回肠。

**2. 小肠与大肠分别取出**

(1)小肠(空肠与回肠)取出　切断回盲韧带,在距回盲口15厘米处双结扎剪断回肠。由此开始分离回肠、空肠,至十二指肠空肠曲(左肾下,接近结肠的部位),将肠管双结扎剪断,取出小肠。

(2)大肠(盲肠与结肠)取出　单结扎剪断直肠,握住断端,向前从脂肪组织中分离结肠后段,即将结肠终襻、旋襻与十二指肠第二段、第三段间的联系分离,最后割断前肠系膜根部的联系,取出大肠(图 2-1)。

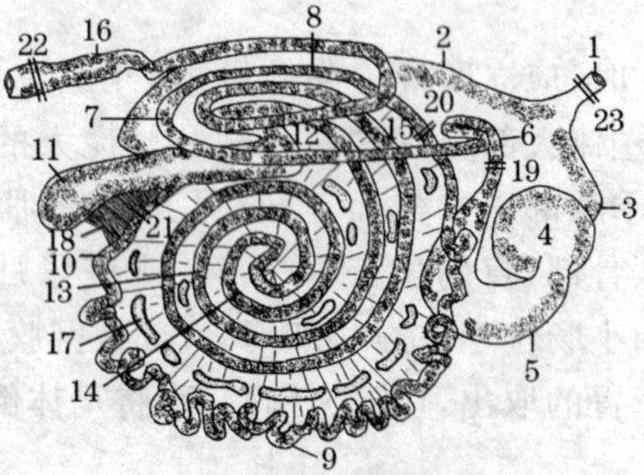


**图 2-1　牛胃肠道及其结扎点**

1.食管　2.瘤胃　3.网胃　4.瓣胃　5.皱胃　6.十二指肠第一段　7.十二指肠第二段　8.十二指肠第三段　9.空肠　10.回肠　11.盲肠　12.结肠初襻　13.结肠旋襻向心回　14.结肠旋襻离心回　15.结肠终襻　16.直肠　17.肠系膜淋巴结　18.回盲韧带　19.幽门后结扎点　20.十二指肠空肠结扎点　21.回肠结扎点　22.直肠结扎点　23.食管结扎点

**(二)十二指肠、胰脏与肝脏的取出**

**1. 一起取出**　当胆管、胰管有病变，或肝脏、胰脏的病变和十二指肠有关时，可将肝脏、胰脏和十二指肠一起取出，以便详细检查其间的联系。如患肝片吸虫病时，胆管常有慢性炎症，管壁增厚，管腔变窄，甚至阻塞；胆汁变浓稠，有时在胆管和胆囊中形成胆结石。取出时先检查门静脉和后腔静脉，再割离膈与胸壁的联系（即割离在胸壁附着的膈肌）以及肝脏、十二指肠、胰脏和周围的联系，取出。

**2. 单独取出**　肝脏也可连在膈上待分离周围组织后取出。或切断肝脏与膈之间的左三角韧带、镰状韧带、圆韧带、后腔静脉、冠状韧带和右三角韧带等联系，将肝脏单独取出。取出前，应注意肝脏与附近组织有无粘连或其他病变。

十二指肠与胰脏联系紧密，故将二者和肝脏分离后取出。有时可分离胰脏周围的联系，割断胰管，将胰脏单独取出。

**(三)胃的取出**　4个胃一起取出。在幽门后双结扎剪断十二指肠后，尽力将瘤胃搬向后方，找出食管，圆形割开食管壁的肌层，结扎剪断。然后左手（或助手）向外下方搬拉瘤胃背囊，右手持刀自后向前割断胃、脾脏的韧带和脾悬韧带同背部、前部的联系，取出胃（脾脏与胃相连）。必须注意，如有创伤性网胃心包炎时，应在胃取出前仔细检查异物、胃与膈、心包的状况以及腹腔、胸腔的炎症范围和性质。

**(四)胃的检查**　分离瘤胃、网胃、瓣胃之间的联系，将有血管主干和有淋巴结的一面向上，瘤胃在右，皱胃在左（小弯朝上），瓣胃在上，网胃在下。皱胃、瘤胃与瓣胃、网胃摆成"十"字形。此后，按下列顺序剖开：皱胃小弯→瓣皱孔→瓣胃大弯→网瓣孔→网胃大弯→瘤胃背囊→瘤胃腹囊→食管→右纵沟（图2-2）。

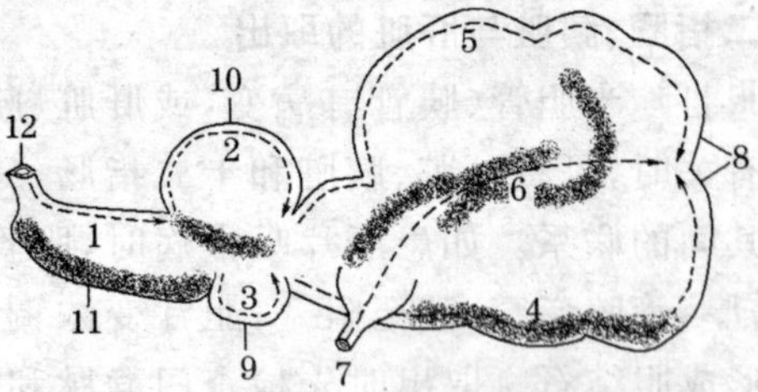


**图 2-2　牛胃剖开线**

（虚线表示剖开线，箭头表示剖开方向）

1. 皱胃小弯剖线　2. 瓣胃大弯剖线　3. 网胃大弯剖线
4. 瘤胃背囊剖线　5. 瘤胃腹囊剖线　6. 右纵沟剖线　7. 食管
8. 瘤胃　9. 网胃　10. 瓣胃　11. 皱胃　12. 十二指肠

注意内容物的性质、数量、质地、颜色、气味、组成以及黏膜的变化，特别要注意皱胃的黏膜炎症和寄生虫、瓣胃的阻塞状况、网胃内的异物（铁钉、铁片、玻璃等）刺伤或穿孔、瘤胃的内容物情况等。

**（五）肠的检查**　检查肠浆膜后，沿肠系膜附着缘剪开肠管（图 2-3），因为淋巴组织（淋巴集结和淋巴孤结），主要位于

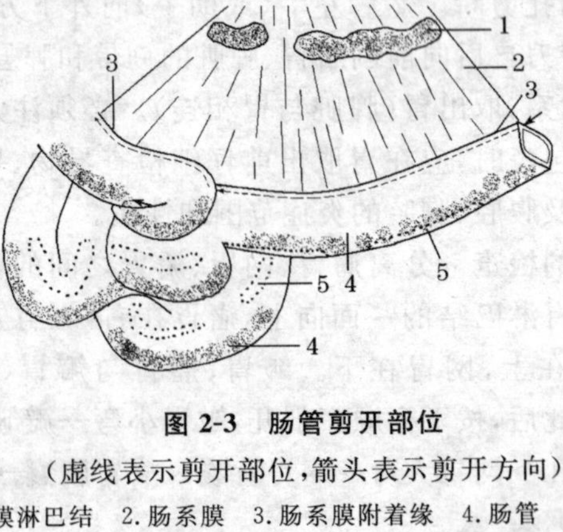


**图 2-3　肠管剪开部位**

（虚线表示剪开部位，箭头表示剪开方向）

1. 肠系膜淋巴结　2. 肠系膜　3. 肠系膜附着缘　4. 肠管　5. 淋巴集结

肠系膜附着缘处对面的肠壁即游离缘。这里常发生病变，勿使其破坏。要重点检查肠内容物和肠黏膜，注意内容物的质地、颜色、气味和黏膜的各种炎症等变化。如患出血性肠炎时，肠黏膜出血、充血，内容物多稀薄，其中混有血液，故呈红色或污褐色。患副结核时，回肠黏膜增厚，甚至呈脑回样，表面附着黏糊状物。肠系膜和肠系膜淋巴结的检查不可忽视，因为有的疾病，这里常有明显的变化。

**（六）肾脏和肾上腺的取出**　分离肾脏周围结缔组织，先检查肾动脉、肾静脉、输尿管和肾淋巴结，再分别将左、右肾脏的血管和输尿管割断、取出。如输尿管有病变，则应将肾脏、输尿管和膀胱一起取出。肾上腺连于肾脏取出或单独取出。

**（七）肝脏、胰脏、脾脏、肾脏与肾上腺的检查**

**1. 肝脏**　完整的肝脏检查包括肝淋巴结、肝动脉、门静脉、胆管、胆囊、肝被膜、肝切面、肝内胆管和血管等。注意肝脏的颜色、大小、质地、切面的胆管、血管和血液以及局灶性病变（如结节、脓肿、坏死）。肝脏急性淤血时，体积变大、色暗红、切面多血；慢性淤血时，表面与切面呈槟榔切面景象（槟榔肝）。肝硬化时质地变硬，表面不平，甚至呈结节状，色灰白或灰黄；颗粒变性时肝脏肿大，边缘变钝，色淡灰或淡黄，质脆，切面突出。

**2. 胰脏**　观察表面和切面有无异常变化。

**3. 脾脏**　分离脾脏与胃的联系后，对脾脏检查。注意其大小、形状、颜色和被膜状况，并触摸其质地。切开时检查红髓、白髓和小梁，用刀轻刮切面，注意刮出物的多少、质地和颜色。败血脾时，脾脏肿大、质软、色紫红、被膜紧张，切面景象模糊，并可流出大量黑红色糊状血液；白髓增生时，切面显出灰白色颗粒状结构。牛、羊猝死时，这里常常有病理变化。

**4. 肾脏** 肾脏的被膜、皮质和髓质都应仔细检查，如肾脏的大小、形状、颜色和质地有无变化，被膜是否容易剥离。为了检查肾实质、肾盏、集收管（牛）或肾盂（骆驼和羊），必须从肾脏外侧面向肾门部将肾脏纵切为相等的两半（图 2-4）。如肾盏、集收管或肾盂扩张，积有尿液或脓液，则应继续检查输尿管和膀胱。同时，要注意在这些部位有无结石形成。

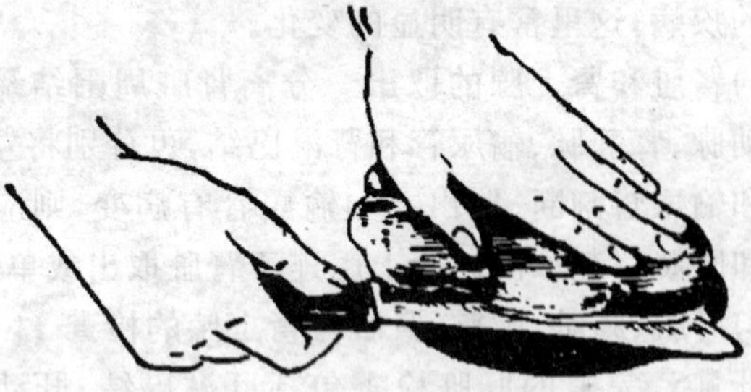

**图 2-4 肾脏的切开**

**5. 肾上腺** 主要检查其大小、形状、颜色和质地。横切后，注意皮质的厚度、颜色和髓质的范围有无变化。动物死后肾上腺如发生自溶，则肾上腺变得柔软，呈污黄色或土黄色，皮质与髓质界限不清。

## 第三节 骨盆腔器官的取出与检查

如需彻底暴露与详细检查骨盆腔器官，可锯开耻骨联合和髂骨体，取出这些器官，或分离骨盆腔后部和周围组织，将其取出。但在一般情况下，多采用原位检查的方法。除输尿管、膀胱与尿道外，检查的重点如下。

公畜：检查精索、输精管、腹股沟、精囊腺、前列腺与尿道球腺（图 2-5）。

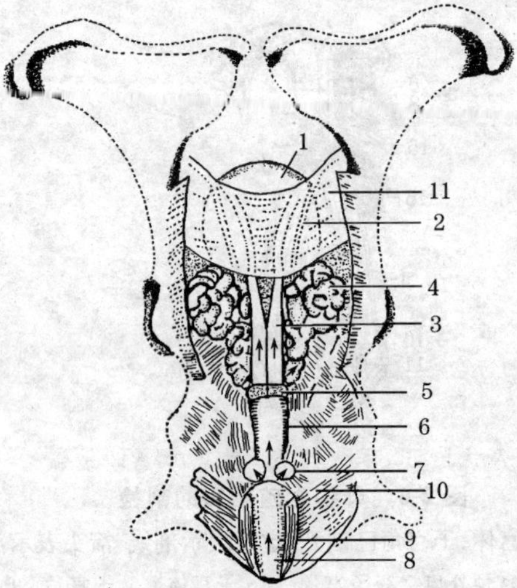


**图 2-5　公牛骨盆部应检查的泌尿生殖器官背面观**

（箭头表示检查方向）

1.膀胱　2.输尿管　3.输精管壶腹　4.精囊腺　5.前列腺

6.尿生殖道　7.尿道球腺　8.尿道球　9.阴茎缩肌

10.坐骨海绵体肌　11.尿生殖褶

母畜：检查卵巢、输卵管、子宫角、子宫体、子宫颈与阴道。

在检查上述器官和部位时，应与外部泌尿生殖器官的检查相结合。对种公牛，应特别注意睾丸的各种病变和阴茎、精索的异常。对母牛，应检查泌尿生殖器官病变的联系，如子宫内有胎儿，子宫黏膜、胎膜、羊水、胎盘和胎儿外部与内脏器官的检查不应忽视。患不孕症的牛死后，卵巢、子宫、输卵管等生殖器官和周围组织的检查更为重要，需注意卵巢的大小、形状、质地、重量、卵泡发育的情况以及黄体形成的状态。母牛生殖器官检查的顺序为：阴道→子宫颈→子宫体和两侧子宫角→输卵管→卵巢（图 2-6）。

**图 2-6　母牛生殖器官的剖检**

（阴道与右侧子宫体、子宫角已剖开，虚线表示剖线，箭头表示剖开方向）

1.阴道　2.子宫颈外口　3.子宫颈　4. 子宫体　5.子宫角　6.输卵管　7.输卵管腹腔口　8.卵巢　9.子宫内阜　10.尿道外口　11.前庭大腺　12.前庭大腺管开口　13.阴蒂　14.下联合　15.子宫阔韧带　16.膀胱

## 第四节　胸腔的剖开及胸腔器官的取出与检查

### 一、胸腔的剖开

首先除去右前肢，切除胸壁外面的肌肉和其他软组织，然后按下列方法剖开胸腔。

一是在右侧胸壁上、下边锯断肋骨。第一锯由末肋上端开始锯到第一肋上端，第二锯沿胸骨与肋软骨结合部处，由后向前，直至第一肋下端（图 2-7），然后揭开右胸壁。

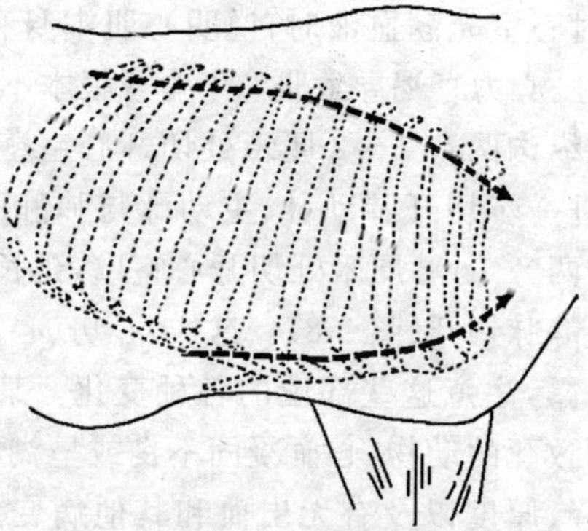

图 2-7 牛胸腔剖开线(粗虚线表示)

二是由后向前,依次切开肋间肌和肋软骨,分离肋骨头,将肋骨拉至背部,先向前再向后搬压,直至胸腔全部暴露。

锯断或扳压肋骨时,必须特别小心,以免骨断端伤及手臂。

胸腔剖开时,注意胸骨的畸形、胸膜的炎症、胸腔与心包腔液体的多少和性质,肺脏的颜色、大小、回缩程度以及纵隔淋巴结、大血管、胸腺(幼畜)等的变化。

## 二、胸腔器官的取出与检查

割断前腔静脉、后腔静脉、主动脉、纵隔和气管等同心脏、肺脏的联系后,将心脏、肺脏一起取出,也可将二者分别取出。

**(一)心脏** 割开心包,检查其中液体的性质和数量,注意心包内面和心外膜的变化(如出血、纤维素附着、粘连等)。确定心脏的大小、形状、肌僵程度和心室、心房充盈度等。心脏的肌僵约在死后 1 小时开始,10 小时前后发展完全,24 小时后肌僵慢慢消失。家畜死亡时,心脏通常是停止在舒张期的,但因肌僵的发生而使血液排出,左心室处于无血状态,右心室仅有少量血液,如发现心肌柔软、心室空虚,意味着肌僵消失。但若心肌柔软，同时心室充满血液时，说明心肌本身存在某种病理变化（心肌变性、心力衰竭导致肌僵不全或根本不发生肌僵）。

在心脏左纵沟两旁1～2厘米处切开心室壁，向上延长切口至心房，并进一步切开肺动脉、主动脉与肺静脉，翻转心脏，在心脏右纵沟两旁1～2厘米处切开心室壁，延长切口至心房，并进一步将腔静脉切开（图2-8）。这样，心房、心室和主要血管即全部切开暴露，注意这些部位的各种变化。某些因窒息、中毒或传染病而致死的动物，心血凝固不良或呈糊状。注意心内膜的颜色、光泽、厚度以及有无出血和其他病变。检查房室瓣和半月瓣时，应注意其大小、形状、厚度、硬度，尤其要注意有无血栓、溃疡、增生以及瓣孔的改变。腱索、乳头肌等的检查也不能忽视。心肌应重点观察其颜色、质地、心室壁的厚度等变化。在主动脉内膜，要仔细检查有无坏死、钙化和瘢痕。

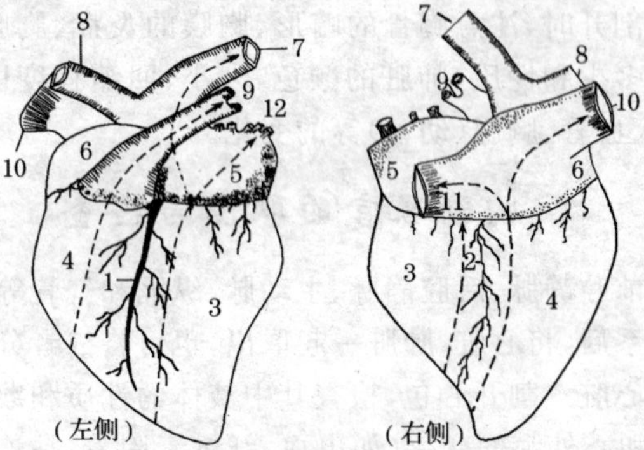


**图2-8　牛心脏剖开线**

（虚线表示切线，箭头表示切开方向）

1.左纵沟和左冠状动脉、心大静脉　2.右纵沟和右冠状动脉、心中静脉　3.左心室　4.右心室　5.左心房　6.右心房　7.主动脉　8.臂头动脉总干　9.肺动脉　10.前腔静脉　11.后腔静脉　12.肺静脉

**(二)肺脏**　首先检查支气管淋巴结和肺膜(胸膜脏层),注意淋巴结的颜色、大小、质地、切面,观察肺膜的颜色、光泽、厚度,有无出血、水肿、瘢痕、结节等变化,测定肺脏的重量、体积、各叶的外形以及有无气肿和萎陷。然后通过以下两种途径检查肺组织(图 2-9)。

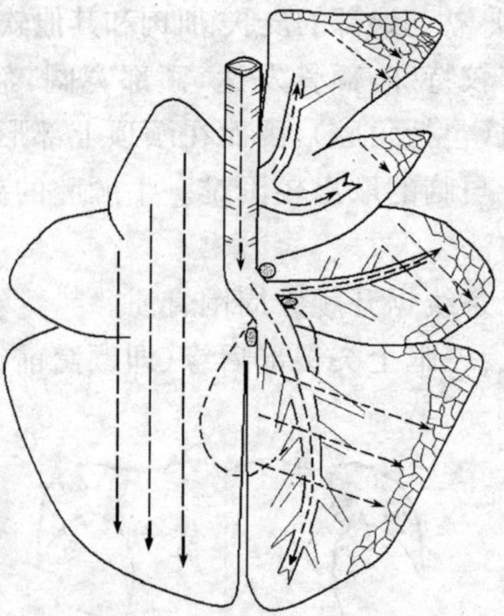

图 2-9　牛肺脏剖检线

一是剪开支气管,观察黏膜的变化和管腔内容物的数量和性质。

二是以锐刀将肺脏切成若干平行的条片,注意各切面的颜色、血量、湿度、致密度、支气管与血管的情况。挤压切面,观察流出物的性质和来源。挤压时若有大量泡沫,表示肺实质内有较多的空气;若排出物为透明的液体并含有小泡,表示水肿;血样排出物表示有大量血液(肺淤血);而排出物浑浊或呈乳样时,可能有化脓。

如发现某种病变,则应对其进行仔细检查。

## 第五节 脑和脊髓的取出与检查

### 一、脑的取出与检查

除去额、顶、枕与颞部的皮肤、肌肉和其他软组织，露出骨质。

牛的颅腔较特殊，额骨发达，额部宽阔，额窦几乎与所有后部颅骨相通（包括角腔），因而在颅顶上部形成一大空腔，所以颅腔的剖开与脑的取出较困难。牛颅腔的剖开与脑的取出有以下两种方法。

一是按三条线锯开颅腔周围骨质。

第一锯线：二眶上突根部后缘（即颞窝前缘）之连线，横锯额骨（图 2-10）。

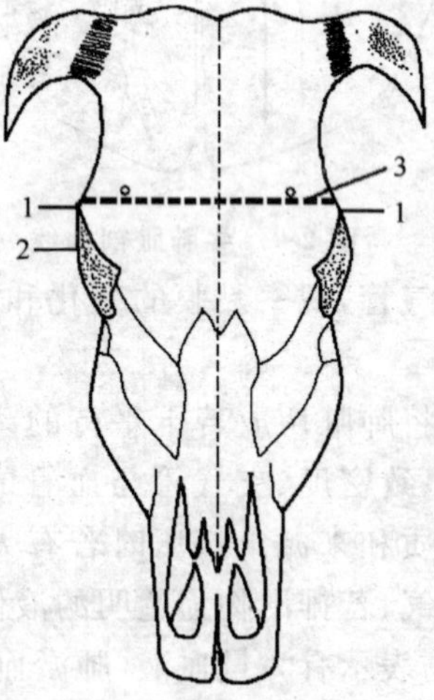


**图 2-10 第一锯线（粗虚线）**

1. 眶上突 2. 眼窝 3. 眶上孔

第二锯线(2 条):从第一锯线两端稍内侧(距两端 1～2 厘米)开始,沿颞窝上缘向两角根外侧伸延,绕过角梗后,止于枕骨中缝。此锯线似"U"字形(图 2-11)。

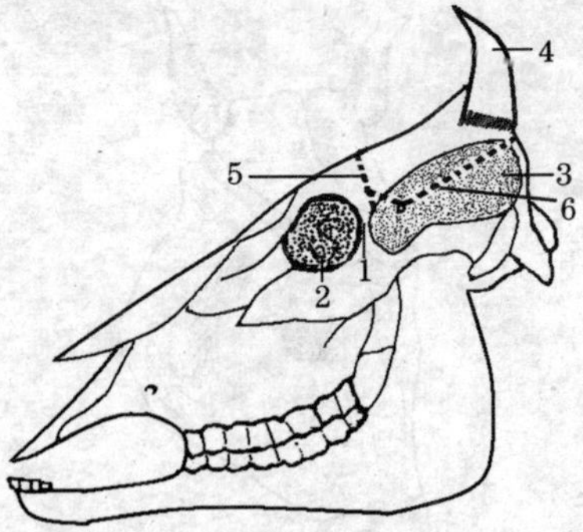


**图 2-11　颅侧段第二锯线(粗虚线)**

1.眶上突　2.眼窝　3.颞窝　4.角　5.第一锯线　6.第二锯线

第三锯线(2 条):一是从枕骨大孔上外侧缘开始,斜向前外方角根外侧,与第二锯线相交(图 2-12)。

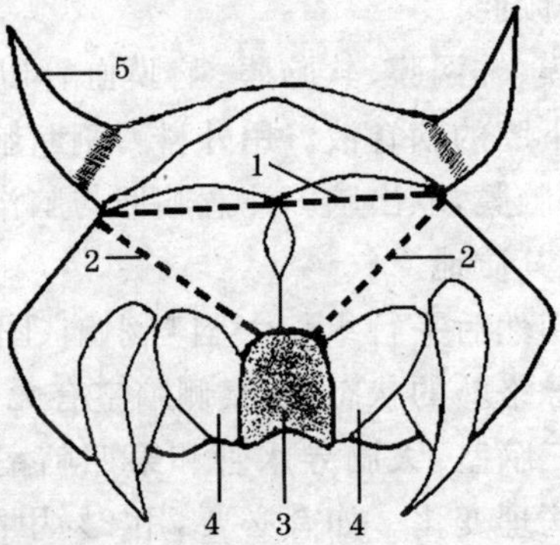


**图 2-12　颅后段第二锯线与第三锯线(粗虚线)**

1.第二锯线　2.第三锯线　3.枕骨大孔　4.枕踝　5.角

翻转头，使下颌朝上，固定，用斧头向下猛击角根，并用骨凿和骨钳，将额骨、顶骨和枕骨除去（图 2-13）。如角突影响上述锯线的实施，则应事先将其锯除。

**图 2-13　牛颅腔剖线**　（颅骨已被剖离）

二是从枕骨大孔上缘中点，沿枕骨、顶骨和额骨上面正中至额骨横锯线中点，做一纵线锯开。然后用力将左右角压向两侧，即可打开颅腔。

检查硬脑膜、蛛网膜、软脑膜、脑膜血管以及硬膜下腔的浆液和蛛网膜下腔的脑脊液。用外科刀割断脑神经、视交叉、嗅球，并分离硬脑膜，取出脑。注意脑回与脑沟的变化。小心触压脑质，确定其质地。

先正中纵切然后平行纵切大脑与小脑（图 2-14），注意松果体、四迭体、脉络丛的状态，观察侧脑室有无扩张和积水，同时仔细检查第三脑室，大脑导水管和第四脑室，再横切数刀，注意有无各种病理变化。如有必要，用 3％甲醛水溶液固定，以便做组织检查。

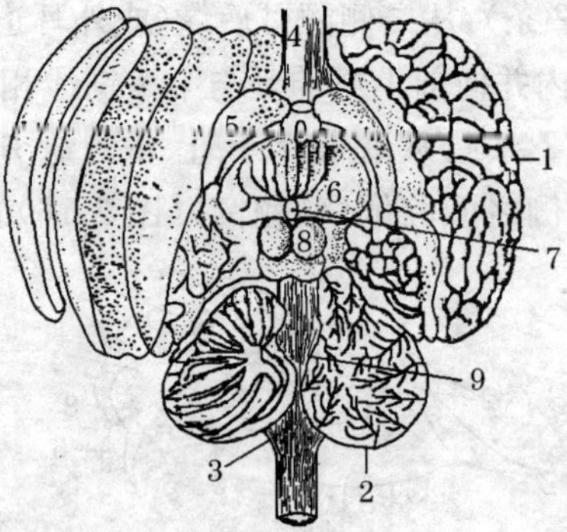


**图 2-14 脑的剖开**

1. 大脑 2. 小脑 3. 延髓 4. 胼胝体 5. 纹状体
6. 视丘 7. 松果体 8. 四迭体 9. 第四脑室

在视交叉对应部之后的脑底骨小凹处，用外科刀或剪剥离脑垂体上面的周围组织，仔细将其挖出。观察脑垂体的大小、形状、切面、色泽等有无变化。

羊颅腔的剖开法和牛的稍有不同，3 条锯线的确定如下。

第一锯线；二眼眶上缘中点之连线(图 2-15)。

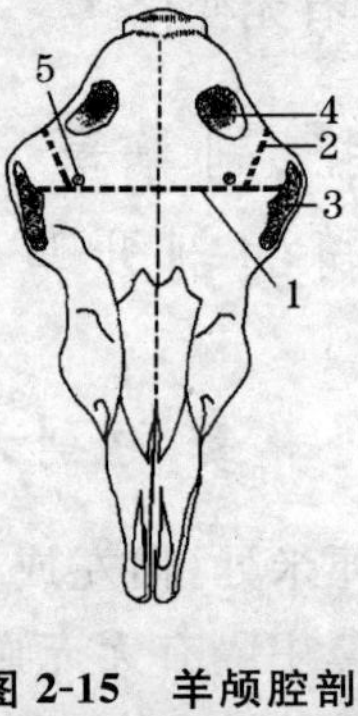


**图 2-15 羊颅腔剖开线**

(头背面观，粗虚线)

1. 第一锯线 2. 第二锯线 3. 眼窝 4. 角根 5. 眶上孔

第二锯线(2 条):从二侧颧弓后缘(或外耳道)开始,经角根与眼眶中点,向内并向前上方伸延与第一锯线相交(图 2-16)。

第三锯线(2 条):从枕骨大孔上外侧缘开始,斜向前外方,直达额弓内侧之颅腔侧壁(颞窝)(图 2-16)。

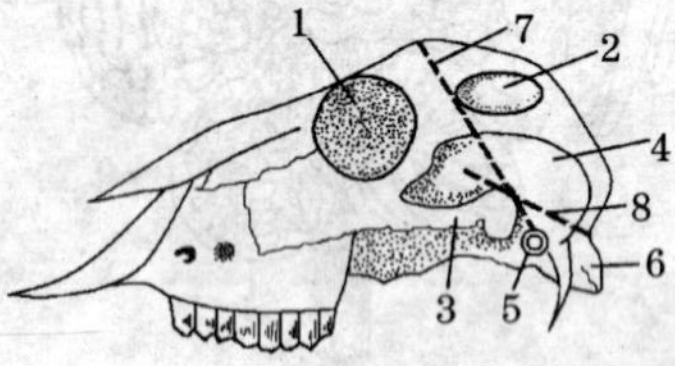


**图 2-16　羊颅腔剖开线**

(头侧面观)

1.眼窝　2.角根　3.颧弓　4.颞窝　5.外耳道

6.枕踝　7.第二锯线　8.第三锯线

## 二、脊髓的取出与检查

通常可在一节椎骨的两端(即椎骨间隙)锯断,从椎管中分离硬脊膜,取出脊髓。注意脊髓液的性状和颜色,检查软脊膜、灰质、白质、中央管等有无变化。

# 第六节　鼻腔、副鼻窦、骨、关节及骨髓的剖开与检查

## 一、鼻腔、副鼻窦的剖开与检查

距头骨正中线 0.5 厘米处(向左或向右)纵形锯开,切下鼻中隔。注意鼻黏膜和鼻中隔有无充血、炎症、结节状病变、溃疡、坏死等变化,确定鼻腔渗出物的数量和性质。

牛的窦系统很复杂,有额窦、上颌窦、泪窦、蝶窦和鼻甲窦。

临诊上重要而常用的是额窦和上颌窦，因这两窦很大，易受感染。

犊牛的窦系统很不发达，随年龄增长而变大，经数年后才达既定大小。额窦包括 3～4 个独立的室，几乎占据额骨下部。额窦后外侧伸进角突中。由于额窦很大，在额骨任何一个部位锯开均可对其进行检查，但在大额窦中部锯开较适宜，其锯线为两侧眼眶后缘和角根前缘中点之连线。上颌窦也较大，位于臼齿上方的大部分上颌骨内，其后部达眼窝下部内侧。因此，锯线较合适的位置为两侧眼眶前缘（或臼齿后缘）之连线。额窦与上颌窦在头表面的投影以及锯线位置见图 2-17。

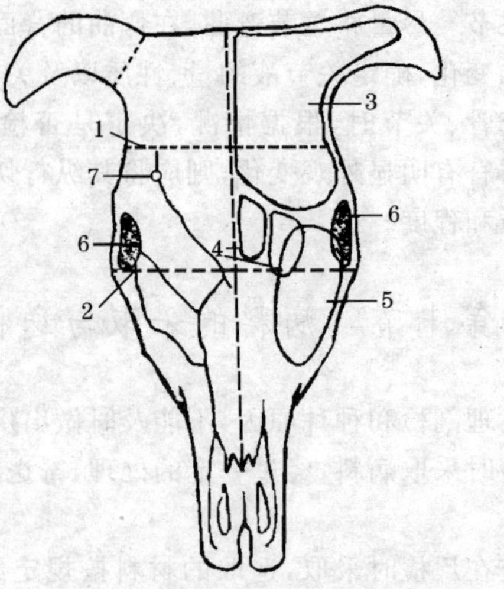


**图 2-17　额窦与上颌窦在头表面的投影及其剖开线**

（仅右半部画出窦投影，粗虚线表示锯线）

1. 额窦锯线　2. 上颌窦锯线　3. 大额窦投影　4. 小额窦投影　5. 上颌窦投影　6. 眼窝　7. 眶上孔

副鼻窦的检查同鼻腔，但窦黏膜较薄，血管较少，黏膜与其下的骨组织连接得疏松。因此，在检查时应考虑这些结构上的特点。

### 二、骨、骨髓与关节的剖开与检查

**(一)骨** 如骨患或疑患某种疾病时，除视检外，还可将病部剖开，检查其切面和内部各种变化。必要时采取病料镜检。

**(二)骨髓** 骨髓的检查可与骨的检查同时进行。主要确定骨髓的颜色、质地有无异常变化。眼观检查后最好采取病料进一步做组织学、细胞学和细菌学检查。

**(三)关节** 尽量将关节弯曲，在弯曲的背面横切关节囊。注意囊壁的变化，确定关节液的量、性质以及关节面的状态。

在检查骨、关节时，根据情况，决定是否检查腱鞘和腱。如这两个器官有明显外观变化，则应将其纵行切开，检查内部变化的性质和程度。

## 第七节 病料的采取与送检

由于病理剖检和种种原因，不能及时做出疾病的诊断，就必须在尸检时采取病料，经过一定的处理，寄送或派人送往有关实验室。

病料应在尸检时采取，选取的材料按规定经处理、保存、包装后才能寄送。寄送时附上病例报告、尸检记录和其他有关说明。

### 一、病理组织检验材料的采取与送检

采取组织时刀剪要锐利，动作要仔细、轻巧，防止组织块

被挤压受损。所采取组织应尽量全面并有代表性，还要保持器官的正常结构和层次，即组织块中既有病变部，又有病变和周围的交界部，还有正常部。病变较人时，可从其不同区域切取组织块。

**（一）心脏** 最好采取左心，必要时才采取右心，要带有心内膜和心外膜，如果组织块太大，也可分两块取材，一块为心内膜，另一块为心外膜。

**（二）肺脏** 由于固定后含水量较大，故取材应小心仔细，刀要锋利。如果1个组织和器官中同时取2个以上的材料，其病变部位各不相同，必须画图（包括病变、形态等）进行记录。

**（三）脾脏** 取材时应包括皮质和髓质两部分（红、白髓），并应注意从切面部分采取。

**（四）肾脏** 应带有皮质和髓质。

**（五）脑** 包括大脑和小脑，取材时也应包括皮质和髓质两个部分。

**（六）有壁器官** 包括胃、肠、食管、胆囊和膀胱等，取材时要取上每一层的结构（从黏膜到浆膜）。

用作切片的组织块其大小可根据具体情况而定，通常为长和宽各1厘米左右，厚0.3～0.5厘米。在尸检取材时可适当大一些，经固定后再按上述大小修整。组织块一般用3%甲醛水溶液固定，也可用其他固定液（95%酒精、Zenker氏液等）固定。固定液的量应尽可能多些，至少要大于组织块体积的5倍。固定容器的底部可垫以脱脂棉，以防组织块粘在底部而固定不良。如肺组织块浮于固定液面，可在其上覆盖脱脂棉或纱布。有壁器官取材时，最好先将剪取的组织平展于较硬厚的纸片上（黏膜面朝上，浆膜面与纸片紧贴），再慢慢浸入固定液中。黏膜切莫按压、擦拭、冲洗，以免破坏正常组织结构和病理变化。固定时间为1～2天，组织块大时需适当延长。不同的病例，应在不同的容器中固定，或分别用纱布包裹后在较大的同一容器中固定，但须注意，每包要附以用铅笔书写的标号。

固定好的组织块用固定液浸湿的脱脂棉和塑料纸包裹，装入广口瓶中，用蜡和胶布封口；或装入不漏水的双层塑料袋中，结扎袋口。然后将广口瓶或塑料袋放入有填料的木盒内寄送或派人送检。

## 二、细菌检验材料的采取与寄送

细菌检验材料应于尸体剖开时立即采取。采取病料的刀、剪等器械物品必须消毒，以无菌操作法将采取的组织块放入预先消毒并盛有灭菌液体石蜡、30%甘油缓冲盐水或饱和氯化钠溶液的容器中，以便寄送。不同的疾病可采取不同组织器官，病料的采取方法也因其质地不同而异。急性败血性疾病可采取心血、脾脏、淋巴结和肝脏等；肺炎时常采取肺脏、支气管淋巴结、心血和肝脏；有神经症状的病例可采取脑、脊髓和有关组织器官。有病变的部位原则上都应取材，一般内脏器官可以剪取或切取；浆膜腔积液、心血、脑脊液、关节腔积液、胆汁和尿液可以用注射器吸取；脓液、分泌物和排出物可以用灭菌脱脂棉球蘸取；血液、脓液、炎性渗出物的涂片和组织触片，固定后插入切片盒中，或玻片间用火柴棒隔开包扎、寄送。

必须指出，装有病料的容器（如试管）应在冷藏的条件下寄出或送出，同时应附上尸检记录和有关说明。

## 三、病毒检验材料的采取与寄送

许多病毒性疾病病原常较多地积聚于一定的组组器官，因此采取的材料要因疾病而异。病料最好在冷藏的条件下或放入装有 50%甘油缓冲盐水溶液中寄送。心血、血清和脑脊液等，最好也在冷藏的条件下寄送。如疑患狂犬病，可取下动物头，在冷藏的条件下寄送，或剖颅取脑，分割为二，一半用作组织检查，一半放入 50%甘油缓冲盐水或鸡蛋生理盐水溶液中寄送。

细菌和病毒检验材料保存液的配制方法见附录。

## 四、毒物检验材料的采取与寄送

将采取的肝脏、胃、肾脏等器官以及血液、胃肠内容物、尿液分别装入清洁的容器中，封口，在冷藏的条件下寄送。容器一定要清洁干净，为此可先用洗涤液(重铬酸钾 100 克，蒸馏水 750 毫升，浓硫酸 250 毫升)浸泡，再用清水冲洗，最后用蒸馏水清洗几次。取材时病料不要沾染消毒剂，寄送时也不要在容器中加入任何防腐剂，被检物不能接触任何化学药剂。

# 第三章　细菌引起的牛羊猝死症

## 第一节　炭　疽

炭疽是一种人兽共患的急性、热性、败血性传染病，其病变特点是脾脏显著肿大，皮下和浆膜下结缔组织出血性浸润，血液凝固不良，呈煤焦油样。

### 一、病原学

本病病原为炭疽杆菌，革兰氏阳性，菌体两端平直，呈竹节状，无鞭毛；在病料组织中多散在或呈 2～3 个短链排列，有荚膜；在培养基中则形成较长的链条，一般不形成荚膜；本菌在病畜体内和未剖开的尸体中不形成芽孢，但暴露于充足氧气和适当温度下能在菌体中央处形成芽孢。

炭疽杆菌为兼性需氧菌，对培养基要求不严，在普通琼脂平板上生长成灰白色、表面粗糙的菌落，放大观察菌落呈卷发状，中央呈暗褐色，边缘有菌丝射出。

炭疽杆菌菌体对外界理化因素的抵抗力不强，但其芽孢则有坚强的抵抗力，在干燥的状态下可存活 32～50 年，150℃干热作用 60 分钟方可杀死。现场消毒常用 20％漂白粉溶液、0.1％升汞溶液或 0.5％过氧乙酸溶液。来苏儿、石炭酸和酒精的杀灭作用较差。

## 二、流行病学特点

本病的主要传染源是患畜，当患畜处于菌血症时，可通过粪便、尿液、唾液和天然孔出血等方式排菌，如尸体处理不当，会使大量病菌散播于周围环境，若不及时处理，则污染土壤、水源或牧场，尤其是形成芽孢时，可成为长久疫源地。

本病主要通过采食污染的饲料、饲草和饮水经消化道感染，但经呼吸道和吸血昆虫叮咬而感染的可能性也存在。自然条件下草食兽最易感，以绵羊、山羊、马、牛易感性最强，骆驼、水牛以及野生草食兽次之。猪的感受性较低，犬、猫、狐狸等肉食动物很少见，家禽几乎不感染，许多野生动物也可感染发病。人对炭疽普遍易感，但主要发生于那些与动物和畜产品接触机会较多的人员。

本病常呈地方性流行。干旱或多雨、洪水涝积、吸血昆虫多都是促进炭疽暴发的因素。在干旱季节，地面草短，放牧时牲畜易于接近受污染的土壤；河水干涸，牲畜饮用污染的河底浊水或大雨后洪水泛滥，易使沉积在土壤中的炭疽芽孢泛起，并随水流扩大污染范围。此外，从疫区输入病畜产品，如骨粉、皮革、羊毛等也常引起本病暴发。

## 三、发病机制

炭疽杆菌的毒力主要取决于荚膜多肽和炭疽毒素。有毒力的炭疽芽孢进入动物机体后，在侵入局部的组织发育繁殖，同时宿主本身也动员其防御机制来抑制病菌繁殖，并将其部分杀死，当宿主抵抗力较弱时，有毒力的炭疽杆菌能及时形成一种有保护作用的荚膜，保护菌体不受白细胞吞噬和溶菌酶的作用，使细菌易于扩散和繁殖。炭疽杆菌还能产生一种能引起局部水肿的毒素，菌体可在水肿液中繁殖，并经淋巴管进入局部淋巴结，最后侵入血流并大量繁殖，从而导致败血症发生。

本病的发生和致死与炭疽毒素有直接关联。炭疽毒素是外毒素蛋白复合物，由水肿因子(EF)、保护性抗原(PA)和致死因子(IF)3 种成分构成，其中任何单一因素无毒性作用，3 种成分必须协同作用才对动物致病，它们的整体作用是损伤和杀死吞噬细胞，抑制补体活性，激活凝血酶原，致使发生弥漫性血管内凝血，并损伤毛细血管内皮，使液体外漏，血压下降，最终引起水肿、休克和死亡。用特异性抗血清可中和这种作用。

## 四、临床症状

本病潜伏期平均为 1～5 天(绵羊较短，牛较长)，有的可达 14 天。根据病程和临床表现，可分为最急性型、急性型、亚急性型和慢性型 4 型。

牛患炭疽多为急性，病初具有高热，但尚能采食，全身症状不甚显著，在劳役中有时突然倒毙。或在病初呈兴奋不安，不时哞叫，甚或向人和动物冲撞，兴奋过后，继以高度沉郁。食欲、反刍和泌乳停止，常发生中度的臌气。可视黏膜发绀，常见结膜和口腔，间见鼻腔、肛门和阴道黏膜上有针尖至米粒大的出血斑点。严重时常见口、鼻和肛门出血和血尿。有些病例，舌肿大、发绀，且有溃疡，口腔黏膜上有小结节，后形成水疱而溃烂，继而流出带血唾液。亚急性型的症状和急性型相似，但病情较缓和，病牛可能于咽喉、颈、胸、腰、外阴和直肠内等处发生炎性水肿或炭疽痈。病程多为 10～36 小时，也有 2～5 天者。

绵羊及山羊发生最急性炭疽较其他动物为多，多表现为脑卒中的症状，突然眩晕、摇摆、磨牙、全身痉挛、天然孔流血。于数分钟内死亡。病程较慢者也只延续数小时，表现不安、战栗、心悸、严重呼吸困难和天然孔流出血液。

**(一)最急性型** 多见于流行初期的健壮的牛，此型发病急剧，突然倒地，类似日射病或大脑卒中(所谓卒中型炭疽)。病畜死前体温升高，呼吸困难，黏膜发绀，天然孔流出血样泡沫或血液。多在数小时内死亡，致死率很高。

**(二)急性型** 这种病型最为常见，多见于牛。病畜体温升高至 40℃～42℃或以上，死前迅速下降，并常有寒战。有些病例在开始时表现短期的兴奋和不安，但多数病例表现精神沉郁或昏迷。病畜食欲废绝，心悸，呼吸困难，黏膜发绀(眼结膜可能肿胀并杂有小出血)。大便初干燥，迅即发生腹泻，排出带血的粪便或血块。小便暗红，有时带血。泌乳减少、变质或停止，妊娠牛常发生流产。最后因窒息而死，经过为 1～2 天。

**(三)亚急性型** 多见于牛。自出现病状至痊愈或死亡，延续数日至 1 周以上。其一般症状和急性型相似，但较缓和。有时在体表某些皮肤松软的部分(颈、胸、肩、腹、阴囊、乳房等)以及直肠和口腔黏膜等处发生局限性的炎性水肿。肿胀迅速增大，初期坚硬而有热痛，然后逐渐变冷而没有痛感，最后中央部发生坏死，有时形成溃疡，叫做炭疽痈(皮肤或黏膜炭疽痈)，或称痈型炭疽。炭疽痈经数周后逐渐痊愈，有时也可以转为急性，导致死亡。

**(四)慢性型** 主要发生于猪，无明显的临床症状。

## 五、病理变化

**(一)败血型炭疽** 尸僵不全或缺如,尸体极易腐败而致腹部膨大。从鼻腔和肛门等天然孔流出不凝固的暗红色血液,可视黏膜发绀,并散在出血点。因机体缺氧、脱水和溶血,故血液黑红、浓稠、凝固不良,呈煤焦油样。

全身各处均有渗出性出血,皮下与肌间结缔组织、舌系带、肾周围组织、肠系膜、膈与纵隔等均有出血斑点,并常有淡黄色胶样浸润,以颈、胸前、肩胛、下腹与外生殖器等部皮下的出血性胶样浸润更为常见而明显。浆膜、黏膜与脑膜有多少不一的出血斑点。内脏器官也可见同样变化。胸腔、腹腔、心包腔常积聚浑浊的红色液体。

脾脏呈典型败血脾,即脾脏极度肿大,达正常3~5倍以上,被膜紧张,呈紫红色,质地极软,触之有波动感,有时可自行破裂,切面呈黑红色,脾髓软化甚至呈糊状。白髓与小梁模糊不清。镜检脾组织中充满红细胞和白细胞,白髓缩小且不规整,细胞成分明显减少,有些部位淋巴细胞消失。脾髓组织中有坏死灶或大片坏死崩解区。染色镜检可见大量炭疽杆菌。

全身淋巴结呈浆液出血性炎症变化,淋巴结肿大,切面多汁,呈暗红色或黑红色。镜检血管扩张、充血,出血,淋巴窦充满红细胞和大量嗜中性粒细胞,有时淋巴组织坏死。也可见大量炭疽杆菌。

实质器官颗粒变性与脂肪变性,被膜有出血斑点,间质充血、出血、水肿与中性粒细胞浸润。

消化道,尤其是小肠,除有炭疽痈外,胃、肠黏膜充血、肿胀,散在出血斑点。肺淤血、出血与水肿。气管黏膜充血、肿胀，并密发出血点。

**（二）痈型炭疽** 当机体的抵抗力较强，或入侵的炭疽杆菌较少、毒力较弱时，则病变常定位于局部，称痈型炭疽。

炭疽痈实为组织器官发生的局部出血坏死性或浆液出血性炎症，即中心部血管扩张充血，组织内充满红细胞、浆液性和纤维素性渗出物，并有大量嗜中性粒细胞和一些巨噬细胞浸润，组织往往发生坏死。眼观其中心部色黑褐，致密，硬实（在黏膜时呈固膜性痂）。坏死周围出血，色红。再向外则是大面积淡黄色或黄红色胶样浸润，镜检可见大量浆液、纤维素和嗜中性粒细胞渗出，并有程度不等的充血和出血。同时，常伴发局部淋巴管炎和淋巴结炎。痈型炭疽的常发部位为肠和皮肤。

**1. 肠痈** 主要见于马、牛、羊，也见于猪和人。多位于十二指肠和空肠。在淋巴小结和淋巴集结的部位形成局灶性出血坏死性肠炎。眼观，黏膜上形成圆形暗红或黑红色隆起的病灶，病灶局部黏膜可发生坏死而形成褐色痂，如痂软化脱落则形成溃疡。黏膜下层高度水肿。镜检，局部肠黏膜出血、坏死，黏膜下结缔组织疏松，有大量浆液、纤维素和中性粒细胞渗出。局部淋巴结呈浆液性、出血性炎症变化。

**2. 皮肤痈** 多见于马、骡，也见于牛，常因皮肤创伤感染或由带菌的吸血昆虫刺蜇所致。初期在颈、胸前、肩胛、腹下、阴囊、乳房等部发生局灶性坚硬的炎性肿胀，界限明确，触之有热和痛。以后肿胀扩大，有波动感。针刺肿胀部，可流出半透明或浑浊的淡黄色液体，涂片镜检，见大量炭疽杆菌。有时肿胀中央坏死并形成溃疡。

**（三）非典型炭疽** 在牛、马或猪都可见到非典型炭疽，此时并无上述典型的病理变化，仅在肉尸局部有出血性胶样浸润或局部淋巴结有出血性或出血性坏死性炎症。

## 六、诊断要点

第一，取血液、病变组织和淋巴结涂片进行细菌检查，以发现炭疽杆菌。

第二，天然孔出血，血液呈黑红色，凝固不良，如煤焦油样。

第三，黏膜、浆膜和其他组织器官有多发性出血，浆膜腔积液。

第四，可见败血脾与出血性淋巴结炎。

第五，肠痈有局灶性出血坏死性小肠炎，炎灶圆形，界限明确。

第六，皮肤痈有局部皮肤肿胀，肿胀先硬后软，刺出液内含炭疽杆菌。

## 七、鉴别诊断

炭疽与巴氏杆菌病、梨形虫病、气肿疽以及恶性水肿病的鉴别要点见表 3-1。

**表 3-1 炭疽与类似疾病的病理学鉴别要点**

| 病　名 | 与炭疽的相似点 | 与炭疽的区别点 |
| --- | --- | --- |
| 巴氏杆菌 | 咽喉、颈前水肿；多发性出血 | 其他部位无出血性胶样浸润；脾脏多不肿大；有出血或纤维素性胸膜肺炎 |
| 梨形虫病 | 脾肿大；皮下胶样浸润 | 脾髓不软化，其色泽较淡；胶样浸润不具有出血性；黏膜与浆膜黄染；血片染色镜检时红细胞内有梨形虫 |
| 气肿疽 | 皮下与肌肉肿胀 | 肿胀部位于肌肉丰满处如臀部；肿胀部按压有捻发音；肿胀部切开有酸臭味和含有气泡的液体流出；脾脏无明显改变 |
| 恶性水肿病 | 组织水肿 | 水肿的发生和局部损伤有关；水肿很明显，水肿液含有气泡，无典型败血脾的变化 |

### 八、防治措施

**(一)预防措施** 在疫区或常发地区，每年对易感动物进行预防注射，常用的疫苗是无毒炭疽芽孢苗，接种 14 天后产生免疫力，免疫期为 1 年。另外，要加强检疫和大力宣传有关本病的危害性和防治办法，特别是告诫广大牧民不可食用因本病致死动物的肉。

**(二)扑灭措施** 发生本病时，应尽快上报疫情，划定疫点、疫区，采取隔离封锁等措施，对病畜要隔离治疗，禁止病畜的流动，对发病畜群要逐一测温，凡体温升高的可疑患畜可用青霉素等抗生素或抗炭疽血清注射，两者同时注射效果更佳，对发病牛群可全群预防性给药，受威胁区和假定健康动物做紧急预防接种，逐日观察至 2 周。

**(三)消毒** 天然孔和切开处，用浸泡过消毒液的棉花或纱布堵塞，连同粪便、垫草一起焚烧，尸体可就地深埋，病死畜躺过的地面应除去 15～20 厘米厚的表土并与 20％漂白粉溶液混合后深埋。畜舍、用具和场地均应彻底消毒。

**(四)封锁** 禁止疫区内牲畜交易以及输出畜产品和草料，禁止食用病畜的乳、肉。

## 第二节　大肠杆菌病

大肠杆菌从 1885 年被发现开始，在相当长的一段时期内，一直被认为是非致病性正常肠道菌群的组成部分。直到 20 世纪中叶，才认识到一些特殊血清型的大肠杆菌对人和动物有致病性，尤其对婴儿和幼畜(禽)，常引起严重腹泻和败血症。随着大型集约化养畜(禽)业的发展，病原性大肠杆菌对畜牧业所造成的损失已日益明显。它们经常会和其他细菌一起，引起牛、羊混合性感染，甚至会引起牛、羊猝死。

## 一、病原学

病原为大肠杆菌。已知大肠杆菌有菌体(O)抗原 171 种，表面(K)抗原 103 种，鞭毛(H)抗原 60 种，因而构成许多血清型。血清型用 O：K：H(如 $O_8$：$K_{25}$：$H_9$)、O：K(如 $O_8$：$K_{88}$)、O：H(如 $O_{116}$：$H_{27}$)表示。最近，菌毛(F)抗原被用于血清学鉴定，最常见的血清型 $K_{88}$ 和 $K_{99}$，现被分别命名为 $F_4$ 和 $F_5$ 型。在引起人、兽肠道疾病的血清型中，有肠致病性大肠杆菌(简称 EPEC)、肠产毒素性大肠杆菌(简称 ETEC)、肠侵袭性大肠杆菌(简称 EIEC)、肠出血性大肠杆菌(简称 EHEC)。肠出血性大肠杆菌是近年来新发现的一种大肠杆菌，其主型为 $O_{157}$：$H_7$，这种病原菌产生志贺氏毒素样细胞毒素，主要引起人的血便。

## 二、流行病学特点

病原性大肠杆菌的许多血清型可引起各种家畜和家禽发病，其中 $O_8$、$O_{78}$、$O_{101}$ 等多见于牛、羊，一般使犊牛和羔羊致病的多带有 $K_{99}$ 抗原。据我国多年来的调查表明，不同地区的优势血清型往往有差别，即使在同一地区，不同疫场(群)的优势血清型也不尽相同。

幼龄畜禽对本病最易感。牛常于出生后 10 天以内多发；羊常于出生后 6 天至 6 周多发，有些地方 3～8 月龄的羊也有发生。

病畜(禽)和带菌者是本病的主要传染源，通过粪便排出病菌，散布于外界，污染水源、饲料，以及母畜的乳头和皮肤。

当仔畜吮乳、舐舔或饮食时，经消化道而感染。此外，牛也可经子宫内或脐带感染。

本病一年四季均可发生，但犊牛和羔羊多发于冬、春舍饲时期。牛、羊发病时呈地方流行性或散发性。

仔畜未及时吸吮初乳，饥饿或过饱，饲料不良、配比不当或突然改变，气候剧变，易于诱发本病。大型集约化养畜（禽）场畜（禽）群密度过大、通风换气不良、饲养与管理用具和环境消毒不彻底，是加速本病流行不容忽视的因素。

## 三、发病机制

病原性大肠杆菌具有多种毒力因子，引起不同的病理过程。

**（一）定植因子** 又称菌毛、黏附素或 F 抗原，可与黏膜表面细胞的特异性受体相结合而定植于肠黏膜，这是大肠杆菌引起大多数疾病的先决条件。在引起动物腹泻的肠产毒素性大肠杆菌中已发现的定植因子有 $F_4$（即 $K_{88}$）、$F_5$（即 $K_{99}$）、$F_8$（即987P）、$F_{41}$，人源性菌株有 CFA/Ⅰ、CFM/Ⅱ、CFA/Ⅲ和 CFA/Ⅳ4 种。

**（二）内毒素** 大肠杆菌外膜中含有脂多糖，当菌体崩解时被释放出来，其中的类脂 A 成分具有内毒素的生物学功能，是一种毒力因子，在败血症中其作用尤为明显。

**（三）外毒素** 大肠杆菌可产生外毒素，最为人所知的是肠产毒素性大肠杆菌产生的由质粒编码的不耐热肠毒素（LT）和耐热肠毒素（ST），不耐热肠毒素有抗原性，分子量大，60℃经 10 分钟可被破坏，可激活肠管毛细血管上皮细胞的腺苷环化酶，增加环腺苷酸（cAMP）产生，使肠黏膜细胞分泌亢进，发生腹泻和脱水；耐热肠毒素无抗原性，分子量小，须

60℃以上的温度和较长的时间才能破坏，可激活回肠上皮细胞刷状缘微绒毛上的颗粒性的鸟苷环化酶，增加环鸟苷酸（cGMP）产生，同样引起分泌性腹泻。

**（四）侵袭性** 某些肠产毒素性大肠杆菌像各种志贺氏菌一样，具有直接侵入并破坏肠黏膜细胞的能力，这种侵袭性与菌体内存在的一种质粒有关。

**（五）大肠杆菌素** 从动物的全身性侵入性疾病中分离的许多大肠杆菌，具有产生大肠杆菌 V 的质粒。据认为，此质粒与细菌引起败血症的能力有关。

**（六）细胞毒素** 系从人源肠致病性大肠杆菌培养物滤液中发现，能致 Vero 细胞病变，命名为 Vero 毒素，因其毒性作用相似于痢疾志贺氏菌毒素，故又称志贺样毒素（SLT）。现已报道的志贺样毒素主要有 3 型，即 SLT-Ⅰ、SLT-Ⅱ和 SLT-Ⅳ。

## 四、临床症状

**（一）犊牛的临床症状** 潜伏期很短，仅几个小时。根据症状和病理变化发生可分为 3 种类型。

**1. 败血型** 病犊表现发热，精神不振，间有腹泻，常于症状出现后数小时至 1 天内急性死亡，有时病犊未见腹泻即归于死亡。从血液和内脏易于分离到致病性血清型的大肠杆菌。

**2. 肠毒血型** 较少见，常突然死亡。如病程稍长，则可见到典型的中毒性神经症状，先是不安、兴奋，后来沉郁、昏迷，以至死亡。死前多有腹泻症状。由于是特异血清型的大肠杆菌增殖产生肠毒素吸收后引起，因此没有菌血症症状。

**3. 肠炎型** 病初体温升高达 40℃，数小时后开始腹泻，体温降至正常。粪便初如粥样、黄色，后呈水样、灰白色，混有未消化的凝乳块、凝血和泡沫，有酸败气味。病末期病犊肛门失禁，常有腹痛，用蹄踢腹壁。病程长的，可出现肺炎和关节炎症状。如及时治疗，一般可以治愈。耐过的病犊，恢复很慢，发育迟滞，并常发生脐炎、关节炎或肺炎。

**(二)羔羊的临床症状** 潜伏期数小时至1～2天，分为败血型和肠型。

**1. 败血型** 主要发生于2～6周龄的羔羊，病初体温升高达41.5℃～42℃。病羔精神委靡，四肢僵硬，运步失调，头常弯向一侧，视力障碍，继之卧地，磨牙，头向后仰，一肢或数肢做划水动作。病羔口吐泡沫，鼻流黏液。有些关节肿胀、疼痛，最后昏迷。由于发生肺炎而呼吸加快，很少或无腹泻。多于发病后4～12小时死亡。从内脏可分离到致病性大肠杆菌。

据近年报道，有些地区3～8月龄的绵羊羔和山羊羔也有发生败血型大肠杆菌病的，发病急速，死亡很快，病原主要是那波里大肠杆菌。

**2. 肠型** 主要发生于7日龄以内的幼羔。病初体温升高至40.1℃～41℃，不久即腹泻，体温降至正常或略高于正常。粪便先呈半液状，由黄色变为灰色，以后呈液状，含气泡，有时混有血液和黏液。病羔腹痛、拱背、委顿、虚弱、卧地，如不及时救治，可在24～36小时死亡，病死率为15%～75%。有时可见化脓性纤维素性关节炎，从肠道各部可分离到致病性大肠杆菌。

## 五、病理变化

**(一)犊牛的病理变化**

**1. 败血型** 其特征是急性胃肠炎、淋巴结炎、急性实质性肝炎和急性脾炎。肾脏和心肌等实质器官变性，各组织器官和浆膜急性充血和水肿，右心扩张。

**2. 肠毒素型** 出血性素质和炎症变化不明显，但有营养不良性变化（特别是肝中毒性营养不良）、全身中毒性病变、脱水、贫血和消瘦。

**3. 肠炎型** 特征是胃、小肠和大肠的急性卡他性或卡他性出血性炎症。肠淋巴结（孤立淋巴滤泡，淋巴集结）和肠系膜淋巴结的急性浆液性炎症，实质器官的血液循环障碍。肝脏颗粒变性、脂肪变性、局灶性肝细胞坏死、血管充血并有较多的白细胞，也可见全身贫血、脱水和消瘦。

**（二）羔羊的病理变化**

**1. 肠型** 肛门附近和尾根处为稀粪所污染，组织严重脱水，皱胃、小肠和大肠黏膜肿胀、充血和出血，呈卡他性或出血性胃肠炎表现，肠腔内有大量黄色至灰色半液状内容物。肠系膜淋巴结肿大、充血。肝脏充血、质脆。有的病例，肺脏显著充血和水肿。

**2. 败血型** 胸腔、腹腔和心包内有大量积液，内混有纤维素。一些关节，尤其是肘关节和腕关节肿大，滑液浑浊，内含纤维素性絮片。脑膜充血，并有很多小出血点。大脑沟常有多量脓性渗出物。

## 六、诊　断

根据流行病学特点、临床症状和病理变化可做出初步诊断，确诊需进行细菌学检查。细菌学检查的取材部位：败血型为血液、内脏组织；肠毒素型为小肠前部黏膜；肠型为发炎的肠黏膜。对分离出的大肠杆菌应进行生化反应和血清学鉴定，然后再根据需要，做进一步的检验。

**（一）肠致病性大肠杆菌的诊断** 按常规做大肠杆菌分离培养，挑取乳糖发酵菌落分别与多价 OK 抗血清做玻片凝集试验，如不凝集或凝集弱而缓慢，可视为阴性；如某一菌落的细菌与多价 OK 抗血清发生强凝集反应，将剩余菌落移种于营养琼脂斜面上做最后鉴定。在做血清学鉴定时，应同时做生化反应，符合大肠杆菌的反应模式时，方可结合血清学鉴定结果做出判定。

**(二)肠侵袭性大肠杆菌的诊断** 将分离出的大肠杆菌做生化试验和血清学鉴定，肠侵袭性大肠杆菌的生化反应结果与志贺氏菌非常相似，应注意区别。血清学鉴定方法与肠致病性大肠杆菌相同，仅用于鉴定的抗血清不同。生化反应和血清学鉴定通过后，再做致病力测定，如果将被检菌液接种于豚鼠或家兔结膜囊内，如为肠侵袭性大肠杆菌，可产生典型的角膜、结膜炎，在角膜上皮细胞内可见大量细菌。

**(三)肠产毒素性大肠杆菌的诊断** 将分离出的大肠杆菌，经鉴定证实后，再做肠毒素测定。测定肠毒素的方法很多，列举数种如下。

**1. 不耐热肠毒素的检测**

(1)兔肠段结扎试验 用体重 2 千克左右的家兔，禁食后麻醉剖腹取出小肠，自回肠末端开始结扎，每段长 5 厘米，共扎 6 段，其中 1 段为阳性对照，1 段为阴性对照，其余 4 段注入试验菌的肠毒素液 1 毫升，然后将小肠放回原处，缝合腹壁，24 小时后剖腹测量各段肠液的蓄存量，如每厘米超过 1 毫升(含 1 毫升)者为阳性反应，表示被检菌能产生肠毒素。

(2)被动免疫溶血试验 被不耐热肠毒素致敏的绵羊红细胞，与不耐热肠毒素抗血清和补体结合后，可出现被动免疫溶血反应。用此法做不耐热肠毒素的体外检查，具有快速、敏感的特点。

**2. 耐热肠毒素的检测**

(1)乳鼠灌胃法　取待检菌的培养滤液 0.1 毫升，经口饲喂 1～3 日龄瑞士乳鼠，4 小时后取出全部肠管称重，再计算肠重与剩余尸体重的比值，比值大于 0.09 者为阳性，小于 0.07 者为阴性。

(2)肠出血性大肠杆菌　由于 $O_{157}$ ∶ $H_7$ 具有迟缓发酵山梨醇的特性，因此可用山梨醇、麦康凯琼脂平板进行筛选。挑取白色菌落，用 $H_7$ 抗血清进行血清学鉴定。

近年来，DNA 探针技术和聚合酶链式反应技术已被用来进行大肠杆菌的鉴定。这两种方法被认为是目前最特异、敏感和快速的检测方法。

## 七、防治措施

**(一)预防**　妊娠母畜应加强产前产后的饲养和护理，仔畜应及时吮吸初乳，饲料配比应适当，勿使其饥饿或过饱，断奶期饲料不要突然改变。对密闭关养的畜群，尤其要防止各种应激因素的不良影响。用针对本地(场)流行的大肠杆菌血清型制备的多价活苗或灭活苗接种妊娠母畜，可使仔畜获得被动免疫。

**(二)治疗**　本病的急性经过往往来不及救治，可使用经药敏试验对分离的大肠杆菌血清型有抑制作用的抗生素和磺胺类药物，如土霉素、磺胺甲基嘧啶、磺胺咪等，并辅以对症治疗。近年来，使用活菌制剂，如促菌生、调痢生等治疗本病，有良好功效。犊牛患病时，可用平衡电解质方法调整胃肠功能，其配方为：葡萄糖 67.53%，氯化钠 14.34%，甘氨酸 10.3%，枸橼酸 0.81%，枸橼酸钾 0.21%，磷酸二氢钾 6.8%。称取上述制剂 64 克，加水 2 000 毫升，即成等渗溶液，喂药前停乳片刻，每日饲喂 2 次，每次 1 000 毫升。

## 第三节　沙门氏菌病

沙门氏菌病又称副伤寒，是由沙门氏菌属细菌引起的一类疾病的总称。临床上多表现为败血症和肠炎，也可使妊娠母畜发生流产。有报道称，本菌和产气荚膜梭菌、大肠杆菌混合感染可引起牛、羊猝死。

### 一、病原学

沙门氏菌属是肠杆菌科中一大属血清学相关的细菌，为革兰氏阴性杆菌。本属细菌包括肠道沙门氏菌（又称猪霍乱沙门氏菌）和邦戈尔沙门氏菌 2 个种，前者分为 6 个亚种，即肠道沙门氏菌肠道亚种（又称猪霍乱沙门氏菌猪霍乱亚种）、肠道沙门氏菌萨拉姆亚种、肠道沙门氏菌亚利桑那亚种、肠道沙门氏菌双相亚利桑那亚种、肠道沙门氏菌豪顿亚种和肠道沙门氏菌因迪卡亚种。

沙门氏菌属依据不同的菌体抗原、荚膜抗原和鞭毛抗原分为许多血清型。迄今发现，沙门氏菌有 A～Z 和 $O_{51}$～$O_{67}$ 共 42 个 O 群，58 种菌体抗原，63 种鞭毛抗原，已有 2 500 种以上的血清型，除了不到 10 个罕见的血清型属于邦戈尔沙门氏菌外，其余血清型都属于肠道沙门氏菌。

沙门氏菌属的细菌依据其对宿主的感染范围，可分为宿主适应血清型和非宿主适应血清型两大类。前者只对其适应的宿主有致病性，包括马流产沙门氏菌、羊流产沙门氏菌、鸡沙门氏菌、副伤寒沙门氏菌、鸡白痢沙门氏菌、伤寒沙门氏菌；后者则对多种宿主有致病性，包括鼠伤寒沙门氏菌、鸭沙门氏菌、德尔俾沙门氏菌、肠炎沙门氏菌、纽波特沙门氏菌、田纳西沙门氏菌等。至于猪霍乱沙门氏菌和都柏林沙门氏菌，原来认为分别对猪和牛有宿主适应性，近来发现它们对其他宿主也能致病。沙门氏菌的血清型虽然很多，但常见危害人、兽的非宿主适应血清型只有 20 多种，加上宿主适应血清型，也不过 30 余种。

## 二、流行病学特点

沙门氏菌属中的许多类型对人、家畜、家禽以及其他动物均有致病性。各种年龄的畜禽均可感染，但幼年畜禽较成年者易感。在牛，以出生 30～40 天以后的犊牛最易感；在羊，以断奶龄或断奶不久的最易感。感染的妊娠母畜多数发生流产，特别多见于妊娠后期的母羊。

病畜禽和带菌者是本病的主要传染源，它们可由粪便、尿液、乳汁以及流产的胎儿、胎衣和羊水排出病菌，污染水源和饲料等，经消化道感染健康畜禽。病畜禽与健康畜禽交配或用患病公畜禽的精液人工授精可发生感染。此外，子宫内感染也有可能。有人认为鼠类可传播本病，人类带菌者也可成为传染源。

本病一年四季均可发生，但成年牛多于夏季放牧时发生，育成期羔羊常于夏季和早秋发病，妊娠羊则主要在晚冬、早春季节发生流产。

本病在畜禽群内发生后，一般呈散发性或地方流行性。有些动物还可表现为流行性。成年牛发病呈散发性，1 个牛群仅有 1～2 头发病，第一个病例出现后，往往相隔 2～3 周再出现第二个病例；但犊牛发病后传播迅速，往往呈流行性。

本属细菌对干燥、腐败、日光等因素具有一定的抵抗力，在外界条件下可以生存数周或数月。对于化学消毒剂的抵抗力不强，一般常用消毒剂和消毒方法均能达到消毒目的。

环境污秽、潮湿，棚舍拥挤，粪便堆积；饲料和饮水供应不良；长途运输中气候恶劣、疲劳、饥饿、内寄生虫和病毒感染；分娩、手术；母畜缺奶；新引进家畜未实行隔离检疫等因素可促进本病的发生。

## 三、发病机制

沙门氏菌的致病力常与一些毒力因子有关，已知的有毒力质粒、内毒素以及肠毒素等。

**(一)毒力质粒** 正常情况下，大肠黏膜层固有的梭形细菌可产生挥发性有机酸而抑制沙门氏菌的生长。另外，肠道内的正常菌群可刺激肠道蠕动，也不利于沙门氏菌的附着。当存在不良因素使动物处于应激状态，以至肠道正常菌群失调时，可促使沙门氏菌迁居于小肠下端和结肠。病菌迁居于肠道后，从回肠和结肠的绒毛顶端，经刷状缘进入上皮细胞，在其中繁殖，感染邻近细胞或进入固有层，继续繁殖，被吞噬而进入局部淋巴结。机体受病菌侵害，刺激前列腺素分泌，从而激活腺苷酸环化酶，使血管内的水分、$HCO_3^-$ 和 $Cl^-$ 向肠道外渗而引起急性回肠炎和结肠炎，受害的绒毛充满嗜中性粒细胞，后者也可随粪便排出。

上述引起肠炎所经历的细菌定居于肠道、侵入肠上皮组织和刺激肠液外渗 3 个阶段，与沙门氏菌所携带的毒力质粒有密切关系。

**(二)内毒素** 沙门氏菌细胞壁中的脂多糖是一种毒力因子，由一种为所有沙门氏菌共有的低聚糖芯（称为 O 特异键）和一种脂质 A 成分所组成。脂质 A 成分具有内毒素活性，可引发沙门氏菌性败血症，动物表现发热，黏膜出血，白细胞减少继以增多，血小板减少，肝糖原消耗，低血糖症，最后因休克而死亡。

**（三）肠毒素**　最近有试验表明，有些沙门氏菌，如鼠伤寒沙门氏菌、都柏林沙门氏菌等，能产生肠毒素，并分为耐热的和不耐热的 2 种。试验表明，肠毒素是使动物发生沙门氏菌性肠炎的一种毒力因子，也有报道认为，肠毒素还可能增强细菌的侵袭力。

## 四、临床症状

**（一）牛的临床症状**　主要由鼠伤寒沙门氏菌、都柏林沙门氏菌或纽波特沙门氏菌所致。在成年牛，本病常以高热（40℃～41℃）、昏迷、食欲废绝、脉搏频数、呼吸困难开始，体力迅速衰竭。大多数病牛在发病后 12～24 小时粪便中带有血块，不久后腹泻剧烈。粪便恶臭，含有纤维素絮片，间杂有黏膜。腹泻开始后体温降至正常或较正常略高。病牛可于发病后 24 小时内死亡，多数则于 1～5 天内死亡。病期延长者可见迅速脱水和消瘦，眼窝下陷，黏膜（尤其是眼结膜）充血和发黄。病牛腹痛剧烈，常用后肢蹬踢腹部。妊娠母牛多数发生流产。某些病例可能恢复。成年牛有时可取顿挫型经过，病牛发热、食欲消失、精神委顿，产奶量下降，但 24 小时后，这些症状即可减退。还有些牛感染后取隐性经过，仅从粪便中排菌，但数天后即停止排菌。

犊牛于生后 48 小时内表现拒食、卧地、迅速衰竭等症状，常于 3～5 天内死亡。多数犊牛常于 10～14 日龄以后发病，病初体温升高（40℃～41℃），24 小时后排出灰黄色液状粪便，混有黏液和血丝，一般于病状出现后 5～7 天内死亡，病死率有时可达50%，有时多数病犊可以恢复。病期延长时，腕关节和跗关节可能肿大，有的还有支气管炎和肺炎症状。

**(二)羊的临床症状** 羊的沙门氏菌病主要由鼠伤寒沙门氏菌、羊流产沙门氏菌和都柏林沙门氏菌引起。

**1. 下痢型** 病羊体温升高达40℃～41℃，食欲减退，腹泻，排黏性带血稀粪，有恶臭。精神委顿、虚弱、憔悴、低头、拱背、继而卧地，经1～5天死亡。有的经2周后可康复。发病率30%，病死率25%。

**2. 流产型** 妊娠绵羊于妊娠的最后1/3期间发生流产或死产。在此之前，病羊体温上升至40℃～41℃，部分羊有腹泻症状。流产前和流产后数天，阴道有分泌物流出。病羊产下的活羔，表现衰弱、委顿、卧地，并可有腹泻，不吮乳，往往于1～7天内死亡。病母羊也可在流产后或无流产的情况下死亡。羊群暴发本病1次，一般持续10～15天，流产率和病死率可达60%。其他羔羊的病死率达10%，流产母羊一般有5%～7%死亡。

## 五、病理变化

**(一)犊牛的病理变化**

**1. 急性型** 除一般败血性变化外，主要病变见于下列器官。

(1)脾脏 肿大2～5倍，柔软，呈灰红色或暗红色，可见出血斑点和粟粒大灰白色病灶。

(2)肝脏 肿大，柔软，呈灰黄色或灰白色，表面与实质散在针尖大的病灶。

(3)肠系膜淋巴结 肿大，呈灰红色或灰白色髓样变，切面湿润，偶见出血点。

(4)胃肠道　呈卡他性或出血性肠炎，皱胃的变化基本同肠。黏膜可形成糜烂和溃疡。孤立淋巴滤泡和淋巴集结髓样肿胀，突出于肠黏膜，切面呈灰红色。肠内容物稀薄，混有黏液和血液。如为慢性病例，可见纤维素性坏死性肠炎。

(5)肾脏　变性，偶见点状出血和副伤寒结节。

(6)肺脏　淤血、水肿和气肿，有时在尖叶和心叶发生卡他性肺炎灶。

(7)心脏　心肌变性。

**2. 慢性型**　主要呈卡他性化脓性肺炎。

(1)肺脏　病初，小叶性肺炎灶位于尖叶、心叶和膈叶前下缘，以后病灶扩大，病变部肺组织质地较实，呈暗红色、紫红色或灰红色，有时散在粟粒至豌豆大灰黄色化脓坏死灶，支气管内充满黏脓性渗出物，小叶间因水肿而增宽。肺炎区肺胸膜有时附着纤维蛋白，甚至和肋胸膜粘连。

(2)胸膜　呈浆液性纤维素性炎症，胸腔内有较多浆液性纤维素性渗出物，也常伴发浆液性纤维素性心包炎。

(3)脾脏　增生肿大。

(4)肝脏　散在副伤寒节结。

(5)肠　呈卡他性炎症。

(6)关节　四肢关节伴发浆液性纤维素性炎症，关节囊肿大，关节腔有浆液性纤维素性渗出物。

**(二)成年牛的病理变化**　成年牛的病理变化主要呈急性出血性肠炎。剖检时，肠黏膜潮红，常杂有出血，大肠黏膜脱落，有局限性坏死区。腺胃黏膜也可能发生炎性潮红。肠系膜淋巴结呈不同程度的水肿、出血。肝脏脂肪变性或灶性坏死。胆囊壁有时增厚，胆汁浑浊，呈黄褐色。肺脏可有肺炎区，特别是在病程延长的病例。脾脏常充血、肿大。

**(三)羊的病理变化** 下痢型病羊皱胃和肠道空虚,黏膜充血,有半液状内容物。肠道黏膜上有黏液,并含有小的血块,肠道和胆囊黏膜水肿。肠系膜淋巴结肿大充血。心内外膜下有小出血点。死亡母羊有急性子宫炎。流产或死产者其子宫肿胀,常含有坏死组织、浆液性渗出物和滞留的胎盘。

流产的、死产的胎儿或出生后1周内死亡的羔羊,表现败血症病变。脐血管弥漫性潮红,外附以纤维素性渗出物。胸、腹腔中有浆液性、纤维素性渗出物,皮下组织浆液性浸润。皱胃内容物混有黏液。小肠呈卡他性肠炎变化。肠系膜淋巴结肿大,肝脏呈灰红色,充血、易碎,有时发生变性,色黄,并有出血和粟粒性坏死灶。脾脏肿大。肾脏质软,有时包膜下出血。肺脏出血、水肿。

## 六、诊　断

根据流行病学、临床症状和病理变化,可做出初步诊断,确诊需从病畜禽的血液、内脏器官、粪便,或流产胎儿胃内容物、肝脏、脾脏取材,做沙门氏菌的分离和鉴定。近年来,单克隆抗体技术和酶联免疫吸附试验已用来进行本病的快速诊断。

## 七、防治措施

**(一)预防** 应加强饲养管理,保持饲料和饮水的清洁、卫生。采用添加抗生素的饲料添加剂,应注意地区耐药菌株的出现,如发现对某种药物产生耐药性时,应改用别药。目前,国内已研制出牛的副伤寒菌苗,必要时可选择使用。采用本场(群)或当地分离的菌株,制成单价灭活苗,常能收到良好的预防效果。

**(二)治疗** 选用经药敏试验有效的抗生素,如土霉素等,并辅以对症治疗。磺胺类药物(磺胺嘧啶和磺胺二甲基嘧啶)也有疗效,可根据具体情况选择使用。

为了防止本病从牛、羊传染给人,病死畜应严格执行无害化处理,加强屠宰检验,特别是急宰病畜的检验和处理。饲养员、兽医、屠宰人员以及其他经常与家畜及其产品接触的人员,应注意卫生消毒工作。

## 第四节 羊梭菌性疾病

羊梭菌性疾病是由梭状芽孢杆菌属中的细菌所致的一类疾病,包括羊快疫、羊猝殂、羊肠毒血症、羊黑疫、羔羊痢疾等病。这一类疾病在临床上有不少相似之处,容易混淆,但都能造成猝死,对养羊业危害很大。

### 一、病原学

**(一)羊快疫与羊猝殂** 病原分别为腐败梭菌和 C 型产气荚膜梭菌。

腐败梭菌是革兰氏阳性的厌气大杆菌,在动物体内外均能产生芽孢,不形成荚膜。取病羊血液或脏器做抹片镜检时,常能发现单在或 2～3 个相连的粗大杆菌,形成卵圆形膨大的中央或偏端芽孢,有的呈无关节长丝状,其中一些可发现已断为数段。这种无关节长丝状的形态,在肝被膜的触片更易发现,是腐败梭菌突出的特征,具有重要的诊断意义。一般消毒药物均能杀死本菌繁殖体,但芽孢抵抗力较强,在 95℃下需 2.5 小时方可杀死。

产气荚膜梭菌能产生强烈的外毒素,现已知有 α、β、γ、δ、

$\varepsilon$、$\eta$、$\theta$、$\iota$、$\kappa$、$\lambda$、$\mu$、$\upsilon$ 等共 12 种，在传染病学中有重要性者为 $\alpha$、$\beta$、$\varepsilon$ 和 $\iota$ 4 种。这 4 种毒素均为蛋白质，具有酶活性，不耐热，有抗原性，用化学药物处理可变为类毒素。本菌根据毒素-抗毒素中和试验分为 A、B、C、D、E 5 个型。每型产气荚膜梭菌产生 1 种主要毒素、1 种或数种次要毒素。

**（二）羊肠毒血症（软肾病）** 本病病原为 D 型产气荚膜梭菌，是绵羊的一种急性毒血症。本病的发生是由于病菌在羊肠道中大量繁殖，产生毒素所引起。死后肾组织易于软化，因此又常称本病为“软肾病”。本病在临床症状上类似羊快疫，故又称“类快疫”。

**（三）羊黑疫** 又名传染性坏死性肝炎，是绵羊和山羊的一种急性高度致死性毒血症。病的特征是肝实质的坏死病灶。本病病原为 B 型诺维氏梭菌，属于梭状芽孢杆菌属，分为 A、B、C 3 型。A 型菌能产生 $\alpha$、$\gamma$、$\varepsilon$、$\delta$ 4 种外毒素；B 型菌产生 $\varepsilon$、$\beta$、$\eta$、$\zeta$、$\theta$ 5 种外毒素；C 型菌不产生外毒素，此型菌与脊髓炎有关，但无病原学意义。

本菌为革兰氏阳性大杆菌，严格厌氧，能形成芽孢，不产生荚膜，具周身鞭毛，能运动。

**（四）羔羊痢疾** 本病病原为 B 型产气荚膜梭菌，是初生羔羊的一种急性毒血症，以剧烈腹泻和小肠发生溃疡为特征。本病常可使羔羊发生大批死亡，给养羊业带来重大损失。

## 二、流行病学特点

**（一）羊快疫** 绵羊对羊快疫最易感，山羊、鹿也可感染本病。发病羊的营养多在中等以上，年龄多在 6～18 个月之间。一般经消化道感染（腐败梭菌如经伤口感染则引起各种家畜的恶性水肿）。

**(二)羊猝殂** 本病发生于成年绵羊,以 1~2 岁绵羊发病较多。常见于低洼、沼泽地区,多发生于冬、春季节。常呈地方性流行。

**(三)羊肠毒血症** 发生有明显的季节性和条件性。在牧区,多发于春末夏初青草萌发和秋季牧草结籽后的一段时期;在农区,则常常是在收菜季节,羊只吃了多量菜根、菜叶,或收了庄稼后羊群抢茬吃进大量谷类时易发生本病。本病多呈散发,绵羊发生较多,山羊发生较少。2~12 月龄的羊最易发病,发病的羊多为膘情较好的。

**(四)羊黑疫** 本病能使 1 岁以上的绵羊感染,以 2~4 岁的绵羊发生最多。发病羊多为营养较好的肥胖羊只,山羊也可感染,牛偶尔也可感染。实验动物中以豚鼠最为敏感,家兔、小鼠易感性较低。本病常在春、夏季节发生于肝片吸虫病流行的低洼潮湿地区。

**(五)羔羊痢疾** 促进羔羊发生本病的不良诱因主要是母羊妊娠期营养不良,羔羊体质瘦弱;气候寒冷,特别是大风雪后,羔羊受冻;哺乳不当,羔羊饥饱不均。故羔羊痢疾的发生和流行,有一系列明显的规律。草差而又没有做好补饲的年份易发;气候最冷和变化较大的月份,发病最为严重;纯种细毛羊适应性差,发病率和死亡率最高,杂种羊则介于纯种与土种羊之间,其中杂交代数越高者,发病率和病死率也越高。

本病主要危害 7 日龄以内的羔羊,其中又以 2~3 日龄发病最多,7 日龄以上的很少患病。传染途径主要是通过消化道,也可能通过脐带或创伤感染。

## 三、发病机制

**(一)羊快疫** 感染门户为皱胃黏膜。许多羊的消化道平时就有腐败梭菌存在,但并不发病。当存在不良的外界诱因,特别是在秋、冬和初春气候骤变、阴雨连绵之际,羊只受寒感冒或采食了冰冻带霜、污秽或腐败的饲料、草料,机体遭受刺激,降低了皱胃黏膜的抵抗力,细菌趁机侵入;也可通过线虫侵袭的创口侵入。腐败梭菌进入机体即迅速大量繁殖并产生外毒素。其中的 $\alpha$ 毒素使消化道黏膜,特别是皱胃黏膜发生坏死和炎症;使冠状循环和肺循环的血压升高,而全身血压下降;还有溶血作用,并作用于血管,引起体液渗出。因而发生羊快疫时机体的反应是一种中毒性休克的变化。

**(二)羊猝殂** C 型产气荚膜梭菌随污染的饲料和饮水进入羊只消化道后,在小肠(特别是十二指肠和空肠)里繁殖,产生 $\beta$ 毒素,这种毒素通过肠道黏膜进入血流,立即引起出血性肠炎。随后,细菌和毒素透过肠壁血管进入血液,损伤胸、腹腔器官的毛细血管,使其通透性增加,引起体腔内渗出液积聚。细菌进入渗出液、脾脏和其他器官,并积聚于骨骼肌中。由于毒素损害与生命活动有关的神经元,遂发生休克而导致机体死亡。死后 8 小时内,细菌在肌肉中繁殖,引起类似于黑腿病的肌肉病变。

**(三)羊肠毒血症** D 型产气荚膜梭菌为土壤常在菌,也存在于污水中。羊只采食被病原菌芽孢污染的饲料与饮水,芽孢便随之进入羊的消化道,其中大部分被皱胃里的酸杀死,一小部分存活者进入肠道。在正常情况下,细菌缓慢地增殖,产生少量的 $\varepsilon$ 毒素,由于肠蠕动不断将肠内容物排出体外,因而避免了细菌及其产生的毒素在肠道内大量积聚。但当饲料突然改变，特别是从干草改吃大量谷类或青嫩多汁和富有蛋白质的草料之后，瘤胃里正常分解纤维素的菌群一时不能适应，同时由于饲料发酵产酸，使瘤胃的 pH 值降至 4，在此情况下，大量未消化的淀粉颗粒经皱胃进入小肠，导致 D 型产气荚膜梭菌迅速繁殖和产生大量 ε 原毒素，经膜蛋白酶致活后变为 ε 毒素。高浓度的毒素改变了肠道的通透性，使毒素大量进入血液，引起全身毒血症，并损害与生命活动有关的神经元，导致休克而死。

**(四)羊黑疫**　诺维氏梭菌广泛存在于土壤中。当羊只采食被细菌芽孢污染的饲料、饲草后，芽孢由胃、肠壁经目前尚未探明的途径进入肝脏。正常肝脏由于氧化-还原电位高，不利于其发芽变为繁殖体，而仍以芽孢体的形式潜藏于肝脏中。当肝脏受未成熟的游走肝片吸虫损害发生坏死以致其氧化-还原电位降低时，存在于该处的芽孢，即获得适宜的条件，迅速生长繁殖，产生毒素，进入血液循环，发生毒血症，损害神经元和其他与生命活动有关的细胞，导致急性休克而死亡。故本病的发生经常与肝片吸虫的感染密切相关。

**(五)羔羊痢疾**　羔羊在生后数日内，产气荚膜梭菌可以通过羔羊吮乳、饲养员的手和羊的粪便进入羔羊消化道。在外界不良诱因的影响下，羔羊抵抗力减弱，细菌在小肠(特别是回肠)里大量繁殖，产生毒素(主要是 β 毒素)，引起发病。

## 四、临床症状和病理变化

**(一)羊快疫**　突然发生，病羊往往来不及出现临床症状，就突然死亡。有的病羊离群独处，卧地，不愿走动，强迫行走时，表现虚弱和运动失调。腹部膨胀，有疝痛症状。体温表现不一，有的正常，有的升高至 41.5℃左右。病羊最后极度衰竭、昏迷，通常于数小时至1天内死亡，极少数病例可达2～3天，罕有痊愈者。

病羊皱胃出血性炎症变化显著。黏膜，尤其是胃底部和幽门附近的黏膜，常有大小不等的出血斑块，其表面发生坏死，出血坏死区低于周围的正常黏膜；黏膜下组织常水肿。胸腔、腹腔、心包有大量积液，暴露于空气易于凝固。心内膜下(特别是左心室)和心外膜下有多数点状出血。肠道和肺脏的浆膜下也可见到出血。胆囊多肿胀。如病羊死后未及时剖检，则尸体因迅速腐败而出现其他死后变化。

**(二)羊猝殂**　病程短促，常未及见到症状即突然死亡。有时发现病羊掉群、卧地，表现不安、衰弱、痉挛，眼球突出，在数小时内死亡。

病变主要见于消化道和循环系统。十二指肠和空肠黏膜严重充血、糜烂，有的区段可见大小不等的溃疡。胸腔、腹腔和心包大量积液，后者暴露于空气后，可形成纤维素絮块。浆膜上有小点出血。病羊刚死时骨骼肌表现正常，但在死后8小时内，细菌在骨骼肌里增殖，使肌间隔积聚血样液体，肌肉出血，有气性裂孔，骨骼肌的这种变化与黑腿病的病变十分相似。肾脏不软化，但肿大。

**(三)羊快疫和羊猝殂混合感染**　混合感染死亡的羊，体况多在中等以上。发病率6%～25%，个别羊群高达97%，山羊发病率一般比绵羊低，发病羊几乎100%归于死亡，死后尸体迅速腐败，腹围迅速胀大，可视黏膜充血，血液凝固不良，口、鼻等处常见有白色或血色泡沫。根据在我国观察所见，有最急性型和急性型两种临床表现。

**1. 最急性型**　一般见于流行初期。病羊突然停止采食，精神不振。四肢分开，弓腰，头向上，行走时后躯摇摆。喜伏卧，头颈向后弯曲。磨牙，不安，有腹痛表现。眼羞明流泪，结膜潮红，呼吸促迫。从口、鼻流出泡沫，有时带有血色。随后呼吸更加困难，痉挛倒地，四肢做游泳状，迅速死亡。从出现症状到死亡通常为 2～6 小时。剖检见胃黏膜皱襞水肿，增厚数倍，黏膜上有紫红斑，十二指肠充血、出血。

**2. 急性型** 一般见于流行后期。病羊食欲减退，行走不稳，排粪困难，有里急后重表现。喜卧地，牙关紧闭，易惊厥。粪团变大，色黑而软，其中杂有黏稠的炎症产物或脱落的黏膜；或排油黑色或深绿色的稀粪，有时带有血丝；有的排蛋清样稀粪，带有难闻的臭味。心跳加速。一般体温不升高，但临死前呼吸极度困难时，体温可上升至 40℃以上，维持时间不久即死亡。从出现症状到死亡通常为 1 天左右，也有少数病例延长至数天的。剖检见前三胃的黏膜有自溶脱落现象，皱胃黏膜坏死脱落，黏膜水肿，有大小不一的紫红斑，甚至形成溃疡；小肠黏膜水肿、充血，尤以前段黏膜为甚，黏膜面常附有糠皮样坏死物；肠壁增厚，结肠和直肠有条状溃疡，并有条、点状出血斑点；小肠内容物呈糊状，其中混有许多气泡，并常混有血液。肝脏多呈水煮色，浑浊、肿大、质脆，被膜下常见有大小不一的出血斑，切开后流出含气泡的血液，肝小叶结构模糊，多呈土黄色，有出血；胆囊胀大，胆汁浓稠呈深绿色；少数病例肝面有绿豆至核桃大的淡黄色坏死灶，在黄色坏死灶之间，有出血斑块，因而呈大理石样外观；肾脏在病程短促或死后不久的病例，多无肉眼可见变化，病程稍长或死后时间较久的，可见有软化现象，肾盂常蓄积白色尿液；大多数病例出现腹水，带血色；脾脏多正常，少数淤血；膀胱积尿，量多少不等，呈乳白色；部分病例胸腔有淡红色浑浊液体，心包内充满透明或血染液体，心脏扩大，心外膜有出血斑点；肺脏呈深红色或紫红色，弹性较差，气管内常有血色泡沫；全身淋巴结水肿，颌下、肩前淋巴结充血、出血和浆液浸润；肌肉出血，肌肉结缔组织积聚血样液体和气泡；肩前、股前、尾底部等处皮下有红黄色胶样浸润，在淋巴结及其附近尤其明显。

**(四)羊肠毒血症** 本病的特点为突然发作，很少能见到症状，往往在发生可见症状后绵羊便很快死亡。根据病羊吸收毒素多少不一，病状可分为 2 种类型：一类以抽搐为其特征，另一类以昏迷和安静死去为特征。前者在倒毙前，四肢出现强烈的划动，肌肉抽搐，眼球转动，磨牙，口水过多，随后头颈显著抽搐，往往死于 2～4 小时内；后者病程较缓，其早期症状为步态不稳，以后卧倒，并有感觉过敏，流涎，上、下颌"咯咯"作响，继以昏迷，角膜反射消失，有的病羊发生腹泻，通常在 3～4 小时内安静死去。

病变常限于消化道、呼吸道和心血管系统。皱胃含有未消化的饲料。回肠的某些区段呈急性出血性炎性变化，重症病例整个肠段变红色。心包常扩大，内含 50～60 毫升的灰黄色液体和纤维素絮块，左心室的心内、外膜下有多数小点出血。肺脏出血和水肿。胸腺常发生出血。肾脏比平时更易于软化，像脑髓那样，一般认为这是一种死后变化，但不能在死后立刻见到。组织学检查可见肾皮质坏死，脑和脑膜血管周围水肿，脑膜出血，脑组织液化性坏死。

**(五)羊黑疫** 病程十分急促，绝大多数情况是未见有病症而突然发生死亡。少数病例病程稍长，可拖延 1～2 天，但没有超过 3 天的。病羊掉群，不食，呼吸困难，体温升高至 41.5℃左右，昏睡俯卧，并在这种状态下毫无痛苦地突然死去。

病羊尸体皮下静脉显著充血，其皮肤呈暗黑色外观(黑疫之名即由此而来)。胸部皮下组织经常水肿。浆膜腔有液体渗出,暴露于空气易于凝固,液体常呈黄色,但腹腔液略带血色。胸腹腔中的液体容量可达100毫升或更多,心包腔积液约有60毫升。左心室心内膜下常出血。皱胃幽门部和小肠充血、出血。肝脏充血肿胀,从表面可看到或摸到有1个至多个凝固性坏死灶,坏死灶的界限清晰,呈灰黄色的不规整圆形,周围常有一鲜红色的充血带围绕,坏死灶直径可达2～3厘米,切面呈半圆形。羊黑疫肝脏的这种坏死性变化是特征性的,具有重要的诊断意义。这种病变和未成熟肝片吸虫通过肝脏所造成的病变不同,后者为黄绿色,有弯曲似虫样的带状病痕。

**(六)羔羊痢疾**　自然感染的潜伏期为1～2天。病初精神委顿,低头拱背,不吃乳。之后发生腹泻,粪便恶臭,有的稠如面糊,有的稀薄如水,有的后期还含有血液,直到成为血便。病羔逐渐虚弱,卧地不起,若不及时治疗,常在1～2天内死亡,只有少数轻症的可能自愈。

有的病羔,腹胀而不下痢,或只排少量稀粪(也可能带血或呈血便),其主要表现是神经症状,四肢瘫软,卧地不起,呼吸急促,口流白沫,最后昏迷,头向后仰,体温降至常温以下。病情严重,病程很短,若不加紧救治,常在数小时至十几小时内死亡。

特征的病理变化为小肠发生广泛性的出血性炎症。尸体脱水现象严重。皱胃内往往存在未消化的凝乳块。小肠(特别是回肠)黏膜充血发红,常可见到多数直径为1～2毫米的溃疡,溃疡周围有一出血带环绕,有的肠内容物呈血色,肠内容物稀薄恶臭。肠系膜淋巴结肿胀充血,间或出血。心包积液,心内膜有时有出血点。肺脏常有充血区域或瘀痕。肾脏肿大、质软。脾组织模糊、呈暗红色。

## 五、诊 断

**(一)羊快疫和羊猝殂** 病程急速,生前诊断比较困难。如果羊突然发病死亡,死后又发现皱胃及十二指肠等处有急性炎症,肠内容物中有许多小气泡,肝脏肿胀而色淡,胸腔、腹腔、心包有积水等变化时,应怀疑是本类疾病。确诊需进行微生物学和毒素检查。

诊断羊快疫的有效方法是微生物学诊断。根据死亡羊只均有菌血症症状而检查心血和肝脏、脾脏等脏器中的病原菌。本菌在肝脏的检出率较其他脏器为高。取肝脏被膜做触片染色镜检,除可发现两端钝圆、单在或呈短链的细菌之外,还常见无关节的长丝状者。必要时可进行细菌的分离培养和接种实验动物(小鼠或豚鼠)。据报道,荧光抗体技术可用于本病的快速诊断。

羊猝殂的诊断是从体腔渗出液、脾脏取材做C型产气荚膜梭菌的分离和鉴定,以及用小肠内容物的离心上清液静脉接种小鼠,检测有无β毒素。

羊快疫、羊猝殂与羊肠毒血症、羊黑疫、巴氏杆菌病、炭疽容易混淆,应注意鉴别诊断。

**(二)羊肠毒血** 依据流行病学特点和病理变化可进行初步诊断,特征性病理变化为心包积液,肺脏充血、水肿,胸腺出血。发现高血糖和糖尿也有诊断意义。绵羊患地方性黄疸的末期和尿素中毒时,也可出现类似情况,应注意鉴别。确诊本病需依靠实验室检验,可在肠道、肾脏和其他实质脏器内发现大量D型产气荚膜梭菌;小肠内检出ε毒素;尿内发现葡萄糖。

产气荚膜梭菌毒素的检查和鉴定可进行中和试验。

**(三)羊黑疫** 在肝片吸虫流行的地区发现猝死或昏睡状态下死亡的病羊,剖检见特殊的肝脏坏死变化,有助于诊断。必要时可做细菌学检查和毒素检查。

检出率和特异性均较高的是卵磷脂酶毒素试验。取病死动物的腹水或坏死灶组织悬浮液的沉淀上清液或澄清的滤液,加入 4 支试管内,每支 0.5 毫升,再于第一、第二、第三管中分别加入 A 型诺维氏梭菌抗毒素血清、B 型诺维氏梭菌抗毒素血清和产气荚膜梭菌 $\delta$ 抗毒素血清 0.25 毫升,第四管不加抗毒素血清而加同量生理盐水作为对照。混合均匀,置室温下作用 30 分钟,然后每管加入卵磷脂卵黄磷蛋白液 0.25 毫升,混合后置于 37℃恒温箱内 1～2 小时,取出观察结果。若对照产生乳光层,即表示被检材料中含有卵磷脂酶,在 1～3 管中此反应被何种细菌的抗毒素所抑制,即证明此卵磷脂酶为该种细菌所产生。例如,第一和第三管仍有乳光层产生,而第二管的反应被抑制,则证明被检材料含有 B 型诺维氏梭菌所产生的卵磷脂酶,该动物系死于羊黑疫。

当试管在温箱内作用 1～2 小时反应尚不明显时,可将其再置入温箱内过夜,翌日再观察结果,随后可以将其继续在室温下放置,总时间达到 14～18 小时以后,再判定结果 1 次。

卵磷脂卵黄磷蛋白液的制备方法是:打散鸡蛋黄 1 个,混于 250 毫升生理盐水中,将此混合液以赛氏滤器过滤,无菌分装为小量,5℃冰箱保存备用。

据报道,荧光抗体技术可用来检查诺维氏梭菌,但其结果应结合病史、临床症状和剖检变化做综合判断。

本病应注意与羊炭疽、羊黑疫、羊快疫、羊猝殂、羊肠毒血症等疾病相鉴别。

**(四)羔羊痢疾** 在常发地区，依据流行病学特点、临床症状和病理变化一般可以做出初步诊断。确诊需进行实验室检查，以鉴定病原菌及其毒素。

沙门氏菌、大肠杆菌和肠球菌也可引起初生羔羊下痢，应注意区别。

## 六、防治措施

**(一)羊快疫和羊猝殂** 发生本病时，将病羊隔离，对病程较长的病例实施对症治疗。当本病发生严重时，应将所有未发病羊只，转移到高燥地区放牧，加强饲养管理，防止受寒感冒。避免羊只采食冰冻饲料，早晨出牧不要太早。同时，用菌苗进行紧急接种。

在本病常发地区，每年可定期注射1～2次羊快疫、羊猝殂二联菌苗或羊快疫、羊猝殂、羊肠毒血症三联苗。近年来，我国又研制成功厌气菌七联干粉苗(羊快疫、羊猝殂、羔羊痢疾、羊肠毒血症、羊黑疫、肉毒梭菌中毒、破伤风七联菌苗)，这种菌苗可以随需配合。由于吃奶羔羊产生主动免疫力较差，故在羔羊经常发病的羊场，应对妊娠母羊在产前进行2次免疫，第一次在产前1～15个月，第二次在产前15～30天，母羊获得的免疫抗体，可经由初乳传给羔羊。但在发病季节，羔羊也应接种菌苗。

**(二)羊肠毒血症** 当羊群中出现本病时，可立即搬圈，转移到高燥的地区放牧。在常发地区，应定期注射羊肠毒血症菌苗，或羊快疫、羊猝殂、羊肠毒血症三联苗，或厌气菌七联干粉苗。

在牧区夏初发病时，应该少抢青，而让羊群多在青草萌发较迟的地方放牧，秋末发病时，可尽量到草黄较迟的地方放牧；在农区针对引起发病的原因，减少或暂停抢茬，少喂菜根、菜叶等多汁饲料。加强羊只的饲养管理，加强羊只的运动。

**（三）羊黑疫** 预防本病首先在于控制肝片吸虫的感染。特异性免疫可用羊黑疫、羊快疫二联苗或厌气菌七联干粉苗进行预防接种。

发生本病时，应将羊群移牧于高燥地区。对病羊可用抗诺维氏梭菌血清（每毫升含 7 500 单位）治疗。

**（四）羔羊痢疾** 本病发病因素复杂，应综合实施抓膘保暖、合理哺乳、消毒隔离、预防接种和药物防治等措施才能有效预防。

每年秋季注射羔羊痢疾菌苗或厌气菌七联干粉苗，妊娠产前 2～3 周再接种 1 次。

羔羊出生后 12 小时内，灌服土霉素 0.15～0.2 克，每日 1 次，连用 3 天，有一定的预防效果。治疗本病的方法很多，各地应用效果不一，应根据当地条件和实际效果，试验选用。

土霉素 0.2～0.3 克，或再加胃蛋白酶 0.2～0.3 克，加水灌服，每日 2 次；磺胺胍 0.5 克，鞣酸蛋白 0.2 克，次硝酸铋 0.2 克，重碳酸钠 0.2 克，加水灌服，每日 3 次；先灌服含 0.15％甲醛的 6％硫酸镁水溶液 30～60 毫升，6～8 小时后再灌服 0.1％高锰酸钾溶液 10～20 毫升，每日 2 次。

## 第五节 羊支原体肺炎

羊支原体肺炎，又称羊传染性胸膜肺炎，是由支原体引起的一种高度接触性传染病，其临床特征为高热，咳嗽，胸和胸膜发生浆液性和纤维素性炎症，取急性和慢性经过，病死率很高。

本病见于许多国家，我国也有发生，特别是饲养山羊的地区较为多见。

## 一、病 原 学

本病病原为丝状支原体山羊亚种，为细小、具多变性的微生物，革兰氏染色阴性，用姬姆萨氏染色法、卡斯坦奈达氏染色法或美蓝染色法着色良好。

近年来，从我国甘肃等地具有类似山羊支原体肺炎临床症状和病理变化的患病山羊中，分离到一种与丝状支原体山羊亚种无交互免疫性的支原体，经鉴定为绵羊肺炎支原体。这种支原体的形态也呈细小而具多形性，但在适宜培养基上生长的菌落很小，生长要求比丝状支原体山羊亚种苛刻。在琼脂浓度较低(约 0.7%)的培养基上生长时，可呈现一般支原体都具有的“煎蛋”状菌落，但琼脂浓度较高时则无此表现。

## 二、流行病学特点

在自然条件下，丝状支原体山羊亚种只感染山羊，3 岁以下的山羊易感染，而绵羊肺炎支原体则可感染山羊和绵羊。

本病常呈地方流行性，接触传染性很强，主要通过空气-飞沫经呼吸道传染。

新疫区本病的暴发，几乎都是由于引进或迁入病羊或带菌羊而引起；在牧区，健羊群可能由于放牧时与染疫群发生混群而受害。发病后，在一群中传播迅速，20 天左右可波及全群。冬季流行期平均为 15 天，夏季可维持 2 个月以上。

丝状支原体山羊亚种对理化因素的抵抗力很弱。对红霉素高度敏感，四环素和氯霉素也有较强的抑菌作用，对青霉素、链霉素不敏感。但绵羊肺炎支原体对红霉素有一定抵抗力。

## 三、发病机制

病羊是主要的传染源，其病肺组织和胸腔渗出液中含有大量病原体，主要经呼吸道分泌物排菌。耐过病羊肺组织内的病原体在相当长的时期内具有生活力，这种羊也有散播病原的危险性。

阴雨连绵，寒冷潮湿，羊群密集、拥挤等因素，有利于空气-飞沫传染的发生。本病多发生在山区和草原，主要见于冬季和早春枯草季节，羊只营养缺乏，容易受寒感冒，因而机体抵抗力降低，较易发病，发病后病死率也较高。

## 四、临床症状

潜伏期短者5～6天，长者3～4周，平均18～20天。根据病程和临床症状，可分为最急性、急性和慢性3型。

**(一)最急性型** 病初体温增高，可达41℃～42℃，极度委顿，食欲废绝，呼吸急促且有痛苦的哞叫。数小时后出现肺炎症状，呼吸困难，咳嗽，并流浆液性带血鼻液，肺部叩诊呈浊音或实音，听诊肺泡呼吸音减弱、消失或呈捻发音。12～36小时内渗出液充满病肺并进入胸腔，病羊卧地不起，四肢直伸，呼吸极度困难，每次呼吸则全身颤动。黏膜高度充血、发绀。病羊目光呆滞，呻吟哀鸣，不久窒息而亡。病程一般不超过4～5天，有的仅12～24小时。

**(二)急性型** 最常见。病初体温升高，继之出现短而湿的咳嗽，伴有浆性鼻液。4～5天后，咳嗽变干，鼻液转为黏液脓性并呈铁锈色，黏附于鼻孔和上唇，结成干涸的棕色痂垢。多在一侧出现胸膜肺炎变化，叩诊有实音区，听诊呈支气管呼吸音和摩擦音，按压胸壁表现敏感、疼痛。此时高热，稽留不退，食欲锐减，呼吸困难，痛苦呻吟，眼睑肿胀、流泪，眼有黏液脓性分泌物。口半张开，流泡沫状唾液。头颈伸直，腰背拱起，腹肋紧缩，妊娠羊大批（70%～80%）发生流产。最后病羊倒卧，极度衰弱委顿，有的发生腹胀和腹泻，甚至口腔中发生溃疡，唇、乳房等部皮肤发疹，濒死前体温降至常温以下，病期多为7～15天，有的可达1个月。耐过羊转为慢性型。

**（三）慢性型**　多发生于夏季。全身症状轻微，体温40℃左右。病羊间有咳嗽和腹泻，鼻液时有时无，身体衰弱，被毛粗乱无光。在此期间，如饲养管理不良、与急性病例接触或机体抵抗力由于种种原因而降低时，容易复发或出现并发症而迅速死亡。

## 五、病理变化

病变多局限于胸部。胸腔常有淡黄色液体，有时多至500～2 000毫升，暴露于空气后其中有纤维蛋白凝块。急性病例的损害多为一侧，偶尔两侧有纤维素性肺炎；肝变区突出于肺脏表面，颜色由红色至灰色不等，切面呈大理石样；纤维素渗出液的充盈使得肺小叶间组织变宽，小叶界限明显，支气管扩张；血管内血栓形成；胸膜变厚而粗糙，上有黄白色纤维素层附着，直至胸膜与肋膜，心包发生粘连；支气管淋巴结和纵隔淋巴结肿大，切面多汁并有溢血点；心包积液，心肌松弛、变软；急性病例还可见肝脏、脾脏、胆囊肿胀，肾脏肿大，膜下有小点溢血；病程延长者肺肝变区机化，结缔组织增生，甚至有包囊化的坏死灶。

## 六、诊　断

由于本病的流行病学特点、临床症状和病理变化都很特殊,根据这些方面做出综合诊断并不困难。确诊需进行病原分离鉴定和血清学试验。血清学试验可用补体结合反应,多用于慢性病例的诊断。

本病在临床上和病理上均与羊巴氏杆菌病相似,但以病料进行细菌学检查可进行区别。

### 七、防治措施

平时预防,除加强一般措施外,关键问题是防止引入或迁入病羊和带菌者。新引进羊只必须隔离检疫 1 个月以上,确认健康时方可混入大群。

免疫接种是预防本病的有效措施。我国目前除原有的用丝状支原体山羊亚种制造的山羊支原体肺炎氢氧化铝苗和鸡胚化弱毒苗以外,最近又研制成绵羊肺炎支原体灭活苗。应根据当地病原体的分离结果,选择使用。

发病羊群应进行封锁,及时对全群进行逐头检查,对病羊、可疑病羊和假定健康羊分群隔离和治疗;对被污染的羊舍、场地、饲养与管理用具以及病羊的尸体、粪便等,应进行彻底消毒或无害化处理。

用新胂凡纳明(914)静脉注射,证明能有效地治疗和预防本病,也可试用磺胺嘧啶钠皮下注射。据报道,病初使用足够剂量的土霉素、四环素等有治疗效果。

在采取上述疗法的同时,必须加强护理,结合饮食疗法和必要的对症疗法。

## 第六节 巴氏杆菌病

巴氏杆菌病主要是由多杀性巴氏杆菌引起的一种传染

病，其急性病例以败血症和出血性炎症为主要特征。

## 一、病原学

主要病原为多杀性巴氏杆菌，溶血性巴氏杆菌和鸡巴氏杆菌有时也可成为本病的病原。

**(一)多杀性巴氏杆菌** 是巴氏杆菌属中的一个种。菌体短粗，呈卵圆形或球杆状，长 0.3～2 微米，宽 0.25～0.4 微米。革兰氏染色阴性，不形成芽孢，无鞭毛，不能运动。患病动物的组织触片或血片用姬姆萨氏染液、瑞氏染液或美蓝等染色，可见菌体两端浓染，呈两极染色性。由发病畜禽新分离的菌株多具有荚膜，但人工培养继代之后很快消失。用印度墨汁染色时，可以看到清晰的荚膜。

本菌为需氧兼性厌氧菌。在普通培养基上均可生长，但生长不良，如添加少许血清或血液，则生长良好。在琼脂培养基上生成露珠状、不透明、灰白色的小菌落，具有荧光。在鲜血琼脂上不发生溶血，仅有少数菌株于菌落周围形成一淡绿色晕圈。

本菌对外界不利因素的抵抗力不强，容易死亡。在培养基上保存时，每月至少需移植 2 次；在直射日光和干燥的情况下则迅速死亡；60℃数分钟即被杀死，一般消毒药的低浓度溶液在数分钟至数十分钟内可使之死亡。但在肉品组织中则存活较久，尸体内可存活 1～3 个月，厩肥中亦可存活 1 个月之久。

实验小动物中小白鼠、家兔、鸽对本菌都很敏感，常用于接种试验。豚鼠、大白鼠有抗性，但不同菌株的致病力差异很大，有些菌株皮下接种小白鼠、家兔可于 10 余小时内使之死亡，也有一些菌株对家兔只引起接种局部的炎性水肿。

本菌有以下数种方法区分菌型。

根据不同来源的菌株在琼脂培养基上产生的菌落不同，可分 3 种类型：一是黏液型(M)菌落，大、光滑，对小白鼠有中等毒力，菌体有荚膜，由慢性病例或带菌动物分离的菌株多为此型。二是平滑型(S)菌落，中等大小、分散，对小白鼠毒力很强，菌体有荚膜，由急性病例分离的菌株属于此型。三是粗糙型(R)菌落，小、干燥、分散、难乳化，对小白鼠毒力很低。

根据将不同株的荚膜抗原(K 抗原)抽提物吸附于红细胞上，做红血球被动凝集试验，可将其分成 A、B、C、D、E 和 F 5 型。利用菌体抗原(O 抗原)做凝集试验，将本菌分成 12 个血清型；利用耐热抗原做琼脂扩散试验，将本菌分成 16 个菌体型。对本菌的血清学鉴定表明，我国有 A、B、D 3 个血清群，没有 E 血清群，如果与 O 抗原鉴定结果相互配合，则牛、羊以 6：B 最多。近年来，国内有人用耐热抗原做琼脂扩散试验，发现感染牛、羊的主要是 2 型和 5 型。一般 A 型主要来自禽霍乱病例；而在猪肺疫则同时由 A 型和 D 型所致；在牛、羊可出现 A、B、E 和 D 型，其中 A、B 两型的毒力最强，常造成流行性疾病，D 型的毒力较弱，常为散发性，但曾出现于多种动物；B 型菌对牛、羊有强大毒力，但对禽类毒力弱。

根据本菌所形成的菌落表面有无荧光色彩，将本菌分为 3 型，即蓝色荧光型(Fg)对猪等畜类有强大的毒力，对禽类毒力较弱；橘红色荧光型(Fo)对禽类有强大的毒力，对畜类毒力较弱；无荧光型(Nf)，对畜类和禽类毒力都较弱。在一定条件下，Fg 和 Fo 可以发生相互转变。

**(二)溶血型巴氏杆菌**　根据抗原结构的不同，可分为 A 和 T 两型，前者对牛、绵羊和新生绵羊羔有致病力，后者对 3 个月以上的绵羊羔有致病力。

**(三)鸡巴氏杆菌** 存在于家禽的上呼吸道中，偶见于牛、羊上呼吸道，可能属于条件性致病菌。

## 二、流行病学特点

巴氏杆菌病在世界各国都有发生，热带地区较为严重，在畜禽中流行可造成重大损失。各种畜禽都可发病，而以猪、兔、黄牛、水牛、牦牛、鸡、鸭、火鸡为常见，绵羊、山羊、鹅次之，马偶有发生。许多野生鸟、兽也能感染发病，并有可能传播于畜禽。各种年龄的动物都有发生，但以幼龄动物较为多见，病状较急、较严重，死亡率较高。本病的发生无明显季节性，但以冷热交替、闷热、潮湿、多雨的时期较多。

本病一般为散发性，在牛(羊)群中通常只有少数几头先后发病，呈地方性流行，引起较多头数发病的情况是很少见的。

一种牛(羊)发病，同群饲养、放牧的其他种类羊(牛)一般不受传染。不同群的同种牛(羊)互相传染的情况也很少见，这种现象被认为主要是由于牛(羊)受到外界不利因素的影响，抵抗力降低而引起发病的，不同种类的动物和不同群饲养、放牧的牛(羊)所受外界不利因素的影响也不相同，所以不易相互感染；或者传染以后变成带菌状态，当抵抗力降低时，才引起疾病。但是，在某些情况下，本病不但可以在同一牛(羊)群内传播，而且还可以传播给邻近的同种或异种牛(羊)，这可能是因为巴氏杆菌进入动物组织和血液内继代之后，毒力迅速增强，并由病牛(羊)大量散播出来，加上外界因素对多数或多种动物机体的不利影响，因而造成疾病的流行。

在牛(羊)群中发生本病时，常查不出其传染源。一般认为牛、羊在发病前已经带菌，当受外界不良因素的影响引起抵抗力降低时，才侵入组织和血液内发生疾病。引起动物抵抗力降低的不良因素很多，污秽、潮湿、拥挤、气候急剧变化、寒冷、闷热、阴雨连绵、圈舍通风不良、营养缺乏、过度劳累、长途运输、寄生虫病和其他疾病等都可成为本病的诱因。

## 三、发病机制

本病的传染源主要是病畜禽，特别是强毒菌株引起的急性病畜禽。败血型的病畜禽，其病菌存在于病畜禽全身各组织器官、体液、分泌物和排泄物中，一般由排泄物、分泌物排出病菌，污染饲料、饮水、用具和环境，通过饮食而传染于健康畜禽，或由咳嗽、喷嚏排出病菌，通过飞沫而传染。通过吸血昆虫的叮咬和皮肤、黏膜的伤口也可发生传染。任意屠宰病畜、病禽，轻率处理其产品等更可大量散播病菌，如果同时又有不良的环境因素广泛影响动物抵抗力时，不但同种，甚至异种、邻群的畜禽也可受到感染，造成流行。

带菌动物也可能是传染源。有人检查屠宰的牛、羊、猪扁桃体的带菌比率，牛达 45%，绵羊达 52%，猪高达 63%。由带菌动物分离到的菌株，毒力一般都很弱，不易引起疾病和造成传染，但在适宜的培养基内，毒力可以加强，不应忽视。

## 四、临床症状

**(一)牛巴氏杆菌病**　潜伏期为 1～7 天，临床上主要有败血型、水肿型和肺炎型 3 种。

**1. 败血型**　病初高热，体温达 41℃～42℃，随后出现全身症状。有的病牛精神沉郁，全身衰弱，经常伏卧，肌肉震颤，呼吸、脉搏显著加快。采食、反刍停止。两眼流泪，结膜潮红。奶牛产奶大为减少或完全停止。稍经时日，病牛表现腹痛，开始腹泻，粪便初为粥状，后呈液态，其中混有黏液、黏膜片和血液，具恶臭味，有时鼻孔内和尿液中有血。腹泻开始后，体温下降，迅速死亡。病程多为 12～24 小时。

**2. 水肿型** 多见于犊牛和水牛。一般发病快、病情急，死亡率很高。主要症状为咽喉部周围、头颈部以至胸前部发生炎性水肿，有时肛门周围、外阴部或四肢也可能发生。肿胀局部坚硬、灼热、疼痛。头颈前伸，不敢任意转动。口腔黏膜潮红，舌肿大，吞咽困难或完全不能吞咽，呼吸困难，可听到明显的喉头狭窄音，时发呻吟，口流白沫，烦躁不安。可视黏膜发绀，最后衰竭而死，病程为 12～26 小时，也有数小时内窒息死亡的。

**3. 肺炎型** 此型较为多见。主要症状为咳嗽，初期干性带痛，后变湿性。呼吸困难，发喘。鼻孔有黏液脓性鼻液流出。胸部听诊有明显啰音，有的有胸膜摩擦音；叩诊有实音区，并有疼痛反应。严重病例则呼吸极度困难，头颈前伸，张口伸舌进行呼吸。可视黏膜呈蓝紫色。后期有的发生腹泻，粪便内杂有血液，有的小便带血。一般经数天至 2 周死亡，有些病例转变为慢性型。

此外，还有肠炎型，多见于幼犊，主要表现腹泻及由此而引起的消瘦。慢性病例以慢性肺炎症状为主，病程 1 个月以上。

**(二)羊巴氏杆菌病** 潜伏期 1～5 天。

**1. 最急性型** 多见于哺乳羔羊，成年羊少见。突然发病，高热稽留，全身震颤，倒地抽搐，经数分钟至数小时死亡。

**2. 急性型** 病羊全身衰弱，采食、反刍停止，伏卧地上，头颈前伸，不愿站立。体温达 41℃以上，呼吸促迫，常有咳嗽。眼、鼻有浆性、黏性以至脓性分泌物。颌下、头颈部、胸下部的皮下发生水肿。有的病羊剧烈腹泻，粪便混有黏液、坏死黏膜和血液，经 1～3 天死亡。病程较长的除上述症状外，还见有肺炎、胸膜炎的症状。病羊胸部敏感，听诊有啰音和胸膜摩擦音。病程短的数天，长的达 2～3 周。成年羊不少可以痊愈，羔羊死亡率甚高。

**3. 慢性型** 病羊主要表现慢性肺炎、胸膜炎和胃肠炎症状，病程 1 个月以上，虽很少死亡，但耐过者发育迟滞，毛皮质量降低，造成严重经济损失。

山羊的巴氏杆菌病较少见，症状与绵羊基本相同。

## 五、病理变化

### (一)牛巴氏杆菌病

**1. 败血型** 病牛可见心外膜、某些浆膜、黏膜和内脏有出血点。淋巴结肿胀多汁，切面呈暗红色，脾脏常不肿大。

**2. 水肿型** 咽喉部和头颈部(有的扩展至胸前部)皮下发生水肿，切开后流出多量淡黄色浆液。局部淋巴结肿胀、多汁。此外，还有败血型变化。

**3. 肺炎型** 可见大叶性肺炎和纤维素性胸膜炎症状，但水牛很少见到。肺脏有不同的肝变区，内含坏死灶，以结缔组织囊包围，界限明显。肺小叶间浆液浸润，但切面不呈明显大理石状。胸腔内有多量纤维素性渗出液，有纤维素块被覆于肺膜面上，其下有出血点。胸内淋巴结肿胀，切面有出血点。

**4. 慢性型** 肺脏内有坏死灶，以结缔组织囊包裹。

### (二)羊巴氏杆菌病

**1. 最急性型** 病羊一般可见浆膜、黏膜有出血点；淋巴结肿胀，有点状出血。

**2. 急性型** 病羊除败血症变化外，肺脏有肝变区，内有小坏死灶，有时有化脓灶；胸腔内有浆液性纤维素性渗出液，胸膜、心包被覆有纤维素凝块；有的颌下、颈部、胸前部皮下有胶样出血性浸润;呼吸道、消化道黏膜多有炎症变化;脾脏常不肿大。

**3. 慢性型** 慢性病例肺脏内有坏死病灶或化脓灶,有结缔组织包囊包裹,其上面的肺膜、胸膜常增厚和粘连。

## 六、诊 断

微生物学诊断是确实可靠的诊断方法。在畜禽群中发生本病时,应尽早进行,做出诊断,以便采取正确的防治措施。可采取病理材料如肝脏、脾脏、肾脏、心脏、心血、淋巴结、水肿液等,尽快送到就近的诊断实验室进行检查。

**(一)涂片检查** 取心血、水肿液、各器官组织制作涂片,用瑞氏染色或美蓝染色,镜检,见有多量两极染色的杆菌即可确诊。

**(二)细菌分离培养** 以无菌操作取心血、水肿液、器官组织,划线于鲜血琼脂平板上,37℃培养 24 小时,见有细小、湿润、圆形、微隆起、露珠状菌落,在折光下检查时呈现蓝绿色或橘红色荧光,可初步诊断为本病。为了与巴氏杆菌属其他种细菌区别,需做生化试验。

**(三)动物接种试验** 取一小块器官组织用无菌生理盐水制成 1∶5 或 1∶10 的乳液,吸取上清液 0.2～0.5 毫升接种于试验小动物的肌内或皮下(牛、羊的病料以小白鼠或兔比较适宜),接种后如于 18～24 小时死亡,可以诊断为本病。再取心血、实质器官做涂抹片检查,则可得到进一步证实。

有一些传染病在症状和病理变化方面与巴氏杆菌病很类似,在诊断时应注意鉴别。

在牛可以发生急性死亡的传染病除本病外,还有炭疽、恶性水肿、运输热和气肿疽。气肿疽主要侵害肌肉厚实的部位,触诊柔软，有显著捻发音，且发生于过去有疫情的地区和0.5～4岁的牛，不难区别。恶性水肿发生于外伤或分娩之后，肿胀部后来变为无热无痛，触诊柔软多有轻度捻发音，与本病不同。炭疽的肿胀除可发生于颈部和胸前部外，还常见于其他部位肿胀迅速增大；濒死时常有天然孔出血，血液呈暗紫色、凝固不良等现象；死后尸僵不全，尸体迅速腐败。运输热原发病原是副流感3型病毒，巴氏杆菌为继发侵入者。牛的肺炎型病例与牛肺疫也常不易区别，但牛肺疫主要因引进带菌牛而传染发病，并在牛群中连续传染，可波及牛群中多数牛只，病程和流行期都较长，药物治疗收效缓慢，尸体解剖除胸部外，其他器官没有变化。

羊巴氏杆菌病与炭疽、恶性水肿、气肿疽的鉴别诊断与牛基本相同。此外，还应注意与链球菌病、巴贝西焦虫病鉴别，后二者剖检都见脾脏肿大，而本病则无。山羊的巴氏杆菌病与传染性胸膜肺炎相似，但后者主要由于引进带菌山羊而发生，易于传染，剖检病变限于肺部，且常是一侧性的，可以区别。

## 七、防治措施

**（一）加强饲养管理，提高牛、羊的抵抗力** 拥挤、潮湿、污秽、营养缺乏、劳累过度、受冷受暑，都是本病发生的重要诱因，应尽力改善。

**（二）隔离、消毒、保护无病场** 平时无病场的畜禽不要与有病场的畜禽接触；不要由有病场引进畜禽和未消毒的畜产品，以防受到传染。

牛、羊群中如已发生本病，应迅速查明诱因，积极改善，一般可以使疫情迅速停止发展。同时，应对全群注意观察和检查，发现有疾病征象的畜禽立即隔离，场舍、用具适当消毒。消毒药可用10%石灰乳、0.6%～0.8%甲醛水溶液、3%来苏儿溶液或5%漂白粉溶液等。

**(三)病尸无害化处理** 病牛、病羊必须在防止病菌散播的条件下宰杀和处理，病变的部分应切除，其余部分应切成小块就地煮熟后利用。皮、毛都须进行适当消毒。一切废物应深埋或做堆肥处理，废水应进行消毒。工作完毕，工作人员和用具须充分消毒。

**(四)疫苗接种** 我国目前有用于牛、羊等动物的疫苗。由于多杀性巴氏杆菌有多种血清群，各血清群之间不能产生完全的交叉保护，因此应针对当地常见的血清群选用来自同一牛(羊)种的相同血清群菌株制成的疫苗进行预防接种。

**(五)治疗** 庆大霉素、四环素以及磺胺类药物都有良好的治疗效果。庆大霉素每千克体重1 000～1 500单位；20%磺胺嘧啶钠注射液5～10毫升，肌内注射，每日2次，直至体温下降、食欲恢复为止。

## 第七节　恶性水肿

恶性水肿是由多种梭菌引起家畜的一种急性、创伤性传染病，其特征是创伤局部的炎症水肿和全身毒血症。

### 一、病原学

本病病原为梭菌属中的腐败梭菌、产气荚膜梭菌、诺维氏梭菌和溶组织梭菌。据报道，恶性水肿病例中60%可分离到腐败梭菌，其次是产气荚膜梭菌，而诺维氏梭菌和溶组织梭菌仅占5%。

腐败梭菌是一种粗大杆菌，宽 0.6～0.8 微米、长 3～8 微米。菌体正直，两端钝圆，在培养基中常单在或为短链，在病变渗出液内常呈长链或长丝状。易于形成芽孢，芽孢较大，位于菌体的中心或近端，导致菌体膨大。幼龄细菌周围有鞭毛，运动活泼，革兰氏染色阳性，但在陈旧培养物中这些性质消失。

腐败梭菌为一种严格厌氧菌，在无氧条件下才能在培养基中生长。深层琼脂的菌落为棉絮状或绒毛状。在固体培养基上生长的菌落，半透明、灰白色，扁平，边缘不规则。在鲜血琼脂平板上菌落周围有溶血带。明胶培养缓慢液化并产生少许气泡。在熟肉培养基和脑肝汤培养基内生长良好，不消化，不变黑。能发酵葡萄糖、果糖、乳糖、麦芽糖、半乳糖和杨苷，产酸产气，不发酵蔗糖和甘露醇。

其芽孢抵抗力很强，一般消毒药须长时间作用才能将其杀死，强力消毒药如 10%～20%漂白粉溶液、3%～5%硫酸石炭酸合剂、3%～5%氢氧化钠溶液等可于较短时内将其杀死。

## 二、流行病学特点

本病在自然条件下绵羊、马较为多见，牛、猪、山羊较少；犬、猫不能自然感染；家禽中除鸽子外，虽人工接种也不发病。年龄、性别、品种与发病无关。因为病原菌分布的广泛性，其传染主要通过外伤如去势、断尾、外科手术、助产、注射等没有注意消毒，污染本菌芽孢而引起感染。经口食入多量芽孢，除绵羊和猪可以发生感染外，对其他动物一般没有任何作用。病畜在本病的传染方面意义不大，但可将病菌散布于外界，增加土壤污染程度，不应忽视。本病一般只取散发形式，也可能有很多头数发病。

## 三、发病机制

本菌在适宜条件下能产外毒素，主要是α、β、γ、δ毒素。α毒素为卵磷脂酶，具有坏死、致死和溶血作用；β毒素是DNA酶，有杀白细胞作用；γ和δ毒素分别有透明质酸酶和溶血素活性，能使血管通透性增强，导致炎性渗出，使组织坏死。

本菌在自然界分布极广，各种动物特别是草食动物的肠道内、土壤表层，尤其是为动物粪便污染的土壤内，都含有多量细菌，并可随尘埃飞扬而散布各处。

## 四、临床症状

潜伏期12～72小时。

**(一)牛** 病初减食，伤口周围发生弥漫性炎症水肿，肿胀部初期坚实、灼热、疼痛，后变无热、无痛、手压柔软、有轻度捻发音。切开肿胀部，皮下和肌间结缔组织内有多量淡黄色或红褐色液体浸润并流出，常含有少许气泡，其味腥臭，创面常呈苍白色，闪光，肌肉呈暗红色。随着炎性水肿急剧发展，病畜全身症状严重，多有体温升高，呼吸困难，脉搏细而速，眼结膜充血，呈蓝紫色，偶有腹泻。病程为数小时至数天，自愈者甚少。发生于生殖道时，可见阴户肿胀，阴道黏膜充血发炎，会阴部和腹下部炎症水肿，水肿若波及股部时，则运动发生障碍。

**(二)绵羊** 病程短，死亡快，往往未至严重水肿的程度即行倒毙。病羊虚弱，精神委顿，呼吸困难，偶有磨牙和昏迷，有时有腹痛、腹胀或腹泻等症状。公羊头肿系因头部受伤感染，多发于青年羊，常有较广泛的炎性水肿。

## 五、病理变化

病原由伤口进入受伤的组织中，在厌氧条件下繁殖，产生毒素，损害血管壁，引起局部组织的炎症水肿。病菌繁殖时分解肌肉中的部分肝糖原和蛋白质，产生数量不等的气体。毒素进入血流，引起毒血症或脓毒败血症，最后因高度缺氧和心力衰竭而迅速死亡。

尸体剖检见发病局部弥漫性水肿。皮下和肌间有污黄色液体浸润，含有腐败气味并冒出气泡。肌肉呈灰白色或暗褐色，多含有气泡。实质器官变性，脾脏和淋巴结肿大，偶有气泡，肝脏和肾脏浑浊肿胀，有灰黄色病灶。腹腔和心包积有多量液体。血液凝固不良。

## 六、诊　断

根据本病临诊特点，结合外伤的情况可疑为本病。在牛和绵羊，若是伴随创伤或分娩而发生，也以恶性水肿居多，如查不出创伤或分娩等原因，则应注意与气肿疽相区别。本病主要侵害皮下和肌肉间结缔组织，肌肉一般没有明显变化；而气肿疽则主要侵害肌肉组织，呈黑红色或黑褐色，压之有黑色液体渗出，含有多量气泡，有腐臭，有一部分受害肌肉状似海绵，含有多量气泡。此外，气肿疽多发于 0.5～4 岁的牛和仅限于气肿疽流行地区。

如有必要可进行微生物学检查，可采取病变组织，先做触片染色镜检，如见长链则为腐败梭菌。其次取病变组织接种于培养基行厌氧培养，获得纯培养后，接种鉴别培养基观察培养特性和生化特性。也可以接种小动物如家兔、豚鼠、小白鼠或鸽子等，观察其致病特点，得出确实诊断。

## 七、防治措施

**(一)预防** 因本病死亡的家畜尸体不可利用,应予深埋,尸体表面用生石灰或其他消毒药消毒,然后填土。平时防止外伤,注意创伤的合理治疗。各种外科手术以及注射等,应注意无菌操作和术后护理。在梭菌病常发地区,常年注射梭菌病多联苗,可有效地预防本病发生。

**(二)治疗** 在发病初期可对患部冷敷,后期可将其切开,清除腐败组织和渗出液,用0.1%高锰酸钾或3%过氧化氢溶液充分冲洗,然后撒上磺胺粉或青霉素粉。

可肌内注射青霉素,按常规剂量应用,早期治疗可望治愈;磺胺类药物(如20%磺胺噻唑钠100毫升静脉注射)和广谱抗菌药物有良效,除局部应用外,同时进行全身治疗,按常规用法连续应用,直至完全治愈为止。除此以外,还应施以对症治疗,如强心、补液、解毒(5%小苏打、安钠咖等)。

# 第八节　李氏杆菌病

李氏杆菌病是由单核细胞李氏杆菌引起的家畜、家禽、啮齿动物和人的一种散发性传染病。家畜和人主要表现为脑膜脑炎、败血症、流产和单核细胞增多,也有引起牛、羊猝死的报道。

## 一、病原学

单核细胞李氏杆菌为一种细长的小杆菌,呈球杆状,一般长1～3微米,宽约0.5微米。无芽孢,无荚膜。周围有鞭毛,能运动,但在22℃条件下培养的细菌才能见到。在涂片中,本菌或单个分散，或 2 个排成“V”形或互相平列，有时呈短链（液体培养）或丝状（固体培养物）。新鲜培养菌革兰氏染色阳性，陈旧培养常呈革兰氏阴性，两端染色较深。

本菌兼性厌氧，在 22℃与 37℃中生长良好，4℃中也能缓慢生长。普通培养基均可生长，如加入少许葡萄糖、血液或肝浸液则生长更好。血液琼脂上长出的菌落光滑型直径约为 0.8 毫米，表面光滑，呈蓝白色、透明、圆形；粗糙型则稍大，中央为颗粒状。两种菌落周围均有狭 β 溶血带。在液体培养基内，光滑型均匀浑浊，粗糙型呈颗粒状生长。在含 0.5%～1%葡萄糖的琼脂培养基上培养几天后，菌落可达 1～3 毫米。明胶穿刺培养，沿穿刺线长出分散的菌落，明胶不液化。在含 0.1%亚硝酸钾培养基上，菌落较小，呈黑色，边缘发绿。能发酵葡萄糖、鼠李糖、杨苷，产酸不产气；也能发酵蔗糖、糊精，但较慢；不发酵阿拉伯糖、棉实糖、木糖、卫矛醇。

本菌在青贮饲料、干草、干燥土壤和粪便中能长期存活。对碱和盐耐性较大，在 pH 值 9.6 的 10%食盐溶液内能生长，在 20%食盐溶液内可经久不死。对温度和一般消毒药抵抗力不强，85℃经 40 秒、55℃经 30 分钟即可死亡；3%石炭酸溶液、70%酒精以及其他常用消毒药的一般浓度均很快杀死。对青霉素有抵抗力；对链霉素敏感，但易形成耐药性；对四环素类和磺胺类药物也敏感。

实验动物如家兔、豚鼠、小白鼠对本菌都很敏感，注射、滴眼都易引起感染。用凝集素吸收试验法曾查出本菌有 4 种抗原型（即Ⅰ型、Ⅱ型、Ⅲ型、Ⅳ型），其中有的可再分为若干亚型。第一型见于猪、禽、啮齿类，第四型见于畜、禽，人类 4 个型都可致病。

## 二、流行病学特点

本病的易感动物很广泛。自然发病在家畜中以绵羊、猪、家兔的报道较多，牛、山羊次之，马、犬、猫很少；在家禽中，以鸡、火鸡、鹅较多，鸭较少。啮齿动物特别是鼠类和一些野兽、野禽也易感，且常成为本病病原菌在自然界中的贮存库。人也可感染发病。

本病为散发性，偶尔呈地方性流行，但不广泛传播，发病率一般只有百分之几，但致死率很高。各种年龄的动物都可感染发病，幼龄动物比成年动物易感性高，发病也较急；妊娠母畜也较敏感。有人发现本病主要发生于土壤肥沃、富于腐殖质的地区，而白垩土或沙土地区则甚少。有些地区根据多年的经验发现绵羊发病多在冬季和早春。

## 三、发病机制

患病动物和带菌动物是本病的传染源，在患病动物的粪便、尿液、乳汁、精液以及眼、鼻、生殖道分泌物中都曾分离到本菌。啮齿动物特别是鼠类，无疑也是本菌的贮存库。另外，家畜饲喂污染单核细胞李氏杆菌的青贮饲料引发本病的实例也有不少报道。

本病的传染途径还不完全了解，一般认为自然感染可能是通过消化道、呼吸道、眼结膜以及受损伤的皮肤。饲料和水可能是主要的传播媒介，吸血昆虫为媒介也有可能。

本病发病与某些因素有关，如冬季缺乏青绿饲料，天气剧变，畜群中有内寄生虫病或沙门氏菌感染时，均可导致本病发生。

## 四、临床症状

自然感染的潜伏期为 2～3 周，有的可能只有数天，也有长达 2 个月的。临床症状颇不一致，有的感染后不表现症状而不被察觉；有的发短期轻热和全身不适。一般病例以败血症和脑炎症状最为突出多见，幼龄动物以败血症为主，年龄较大的动物则多呈脑炎症状。成年动物症状多不明显，妊娠动物常发生流产。

**(一)绵羊** 病初体温升高 1℃～2℃，不久下降接近常温。行动缓慢，病羊离群落后，采食无神或停止。有的无目的地乱跑乱碰，有的精神沉郁，呆立，低头垂耳。病羊咀嚼吞咽迟缓，有时在口颊一侧积聚多量没有嚼烂的草料。一侧或二侧鼻孔流出黏性分泌物。眼球突出，常向一方斜视，终至视力丧失。结膜发炎，流泪，角膜也可能浑浊。头颈偏于一侧，走动时向一侧转圈，不能强使改变。在行走中如遇到障碍物，则以头抵靠而不动。颈项肌肉发生痉挛性收缩时，则颈项强硬，头颈向上弯，角弓反张。病后期病羊倒地不起，昏迷，四肢划动做游泳状。一般 3～7 天死亡，较大的羊病程可达1～3 周。成年羊症状不明显，妊娠母羊常发生流产。小羔羊常发急性败血病而迅速死亡。小羔羊致死率很高，致死率随年龄增长而下降。山羊的症状与绵羊相似。

**(二)牛** 以神经症状为主。有轻热，流涎、流鼻涕，不安、不听驱使。头呈一侧麻痹症状，弯向对侧，该侧耳下垂，眼半闭，鼻不动，沿头的方向做圆圈运动，遇障碍物则停步抵头于其上。1～2 周后，全身衰弱，卧地呈昏迷状态，且常卧于一侧而不改变，强使翻身，又迅速翻转过来，终至死亡。妊娠母牛症状可能不显著，但常发生流产。水牛突然发生大脑炎，症状似黄牛，但病程短，致死率比黄牛高。

曹荣东等(1997)报道云南省由李氏杆菌引起牛猝死症的症状是：牛发病初期减食，役力下降，随后体温升高，继而四肢肌肉震颤，哞叫、流涎，后期狂奔、顶墙、突然倒地，四肢划动，最后衰竭而死。病程一般2～3天。

## 五、病理变化

牛和羊的病理变化基本相同，分为以下几种类型。

**(一)败血型** 可见脾脏肿大，心外膜下出血，肝脏有灰白色粟粒状坏死灶，鼻黏膜红肿，鼻腔中有黏性脓性渗出液，脑血管充血，眼呈出血性结膜炎。

**(二)脑炎型** 通常不见肉眼病变。病理组织学检查在脑桥、中脑和延髓可见脑炎变化。典型的脑实质病变为微脓肿和淋巴细胞性管套。微脓肿起始于少量嗜中性粒细胞聚集，但更常见的是小胶质细胞增生形成胶质结节，继而结节中心液化，嗜中性粒细胞浸润。这种局部病灶扩展不大，但化脓灶却布满整个白质。胶质结节和局部化脓灶周围的实质可能几乎没有变化，但通常白质有较大范围的水肿，其间有多少不一的嗜中性粒细胞和小胶质细胞弥散性浸润。常见到局部软化灶，后者可能融合。软化灶发生与血管闭塞有关，而后者又系血管炎、血栓性栓塞和血管周围管套压迫所致。血管周围管套明显，主要由淋巴细胞和巨噬细胞组成，并混有少量嗜中性粒细胞和嗜酸性粒细胞。多数病羊在三叉神经的一定分支中有急性神经炎，一般为单侧性。

**(三)子宫炎型** 常伴有流产和胎盘滞留，但子宫内的微生物和炎症很快消失。胎儿死亡和流产是因为微生物侵入胎盘，进而侵入胎儿引起败血症所致。胎盘病变显著，绒毛上皮坏死，顶端附着混有细菌的脓性渗出物。在子宫内早期死亡的胎儿，自溶常常掩盖了轻微的败血性病变，如胃肠黏膜充血，气管黏膜、心外膜和淋巴结出血，卡他性肺炎以及肝脏、脾脏等的变性和坏死灶。在子宫内后期死亡和流产的胎儿，由于病变已充分发展，不易为自溶所掩盖，在肝脏、脾脏和肺脏有粟粒性坏死灶。

曹荣东(1997)报道云南省牛李氏杆菌猝死症的剖检变化：病死牛眼球突出，结膜高度充血，口腔黏膜呈深紫蓝色，口腔内有泡沫样分泌物。腹腔膨胀，肛门突出、外翻。血液凝固不良，呈败血症状。心脏外膜有出血点，心纵沟明显淤血，有出血斑。肝脏肿大，切面外翻，其右叶边缘有灰白色坏死灶。脾脏表面有弥漫性出血点，表面附着灰白色纤维素。小肠充血、出血。脑硬膜腔内有大量红色浑浊积液，脑软膜出血明显。病理组织学变化：脑实质毛细血管充血明显，部分有出血灶，血管周围有中等量炎症细胞浸润，血管上皮细胞变性、肿大。肝实质淤血明显，各小叶的窦状隙充满红细胞，肝细胞变性浊肿，汇管区有中量炎症细胞浸润。脾髓淤血，有大量红细胞形成片状红染，脾小梁变性，脾小结缩小，边界明显。

## 六、诊　断

仅凭临床症状不易诊断。如病畜出现特殊神经症状、妊娠母畜流产、血液中单核细胞增多时，可作为诊断的参考。临床诊断应注意与表现神经症状的其他疾病进行鉴别。羊、牛的脑包虫病由于脑受压迫而发生转圈或斜走等神经症状，但体温不高，病的发展缓慢，剖检时见有脑包虫而与李氏杆菌病不同。牛散发性脑脊髓炎的症状与李氏杆菌病很相似，但后者以头部一侧性麻痹为特征，尸体剖检体腔内没有炎症变化，而散发性脑脊髓炎没有麻痹症状，剖检可见胸膜炎、心包炎和腹膜炎症状，可以区别。

确诊必须行微生物学诊断。采取血液、肝脏、脾脏、肾脏、脑脊液、脑的病变组织等做触片或涂片。革兰氏染色法镜检如见有散在的、2个“V”形排列或并列的革兰氏阳性杆菌，可以做出初步诊断。细菌分离培养可将上述材料划线接种于0.5%～1%葡萄糖琼脂平板或0.05%亚碲酸钠胰蛋白胨琼脂平板上（菌落为中央黑色而四周呈绿色），于37℃条件下培养，挑取典型菌落进行鉴定（如不生长，可将病理材料4℃冷藏数日，然后分离培养，则易于检出）。动物接种试验可用家兔、小白鼠、幼鸽、幼豚鼠，接种方法可做结膜囊内滴入或脑腔内、腹腔内、静脉内注射，接种后发生败血症死亡。最简易的方法为以病理材料的匀液滴于家兔或豚鼠的结膜囊内，1天后发生结膜炎，不久发生败血症死亡；妊娠2周的动物滴眼后，常发生流产，但仍应采取病料分离李氏杆菌，进行鉴定之后，才能确定诊断。

## 七、防治措施

平时须做好卫生防疫和饲养管理工作，驱除鼠类和其他啮齿动物，驱除外寄生虫，特别不要由有病地区引进畜禽。已发病时应对全群进行检查，将病畜禽隔离治疗，消毒场舍、用具；病畜禽屠宰时应防止病菌散播和注意消毒。同时，应尽力查出原因，采取防治措施。如疑为污染青贮饲料致病时，须立即改用其他饲料。有人将未受传染的家畜及早移入清净的场舍，可迅速终止疫情发展。

本病的治疗还没有十分有效的方法。有人认为青霉素对本病的疗效不好。链霉素较好，但易于引起耐药性。广谱抗菌药物的疗效较好，但必须早期应用，剂量必须偏大，连续应用，可望治愈。有人用大剂量的抗生素或磺胺类药物，一次应用治疗病猪，治疗效果很好。也有人用磺胺甲基嘧啶和磺胺溴二甲嘧啶治疗病牛，每日每千克体重用0.15～0.2克，取得良好疗效。

人对李氏杆菌有易感性，从事与病畜禽有关工作的人员应注意防护。病畜禽的肉和其他产品须经无害化处理后才可利用。

## 第九节　牛产气荚膜梭菌病

### 一、病原学

产气荚膜梭菌又称魏氏梭菌，在自然界中分布广泛，可见于土壤、河水、饲料、食物、粪便以及人、畜肠道中，一般情况下不引起动物发病。

本菌是两端稍钝圆的大杆菌，革兰氏染色阳性，是严格的厌氧菌，无鞭毛，不能运动，在动物体内能形成荚膜，芽孢位于菌体中央。本菌生长迅速，在牛奶中暴烈发酵，在葡萄糖血液琼脂上的菌落形成双溶血环，接触空气时变绿。本菌能产生多种外毒素和酶类，目前已发现的外毒素多达12种（$\alpha$、$\beta$、$\gamma$、$\delta$、$\varepsilon$、$\eta$、$\theta$、$\iota$、$\kappa$、$\lambda$、$\mu$和$\nu$），但起主要致病作用的毒素主要有4种（$\alpha$、$\beta$、$\varepsilon$、$\iota$）。根据这4种主要致病性毒素与其抗毒素的中和试验，可将本菌分为A、B、C、D、E、F 6个型（有人认为分A、B、C、D、E 5个型）。

所有各型产气荚膜梭菌都有引起牛肠毒血症的报道。

**（一）A 型产气荚膜梭菌** 是引起我国牛、羊、猪等家畜猝死症的主要病原微生物。此外，C 型和 D 型产气荚膜梭菌也参与致病作用。本型菌可产生多种外毒素，其中最主要的是 $\alpha$ 毒素，又称卵磷脂 C，具有细胞毒性、溶血活性、致死性、皮肤坏死性、血小板凝聚和增加血管通透性等特性，并能引起人的食物中毒。

**（二）B 型产气荚膜梭菌** 除可导致羔羊痢疾外，还可导致家畜的肠毒血症。本型菌主要产生 $\alpha$、$\beta$、$\varepsilon$ 外毒素，$\beta$ 毒素可使肠黏膜坏死，遇胰蛋白酶可失去活性，可能还是一种神经毒素。而 $\varepsilon$ 毒素则可促使动物的主动脉和其他动脉收缩而导致血压升高，还具有与血脑屏障内血管上皮受体结合的能力，从而引起血管通透性增高，最终引起致死性水肿。

**（三）C 型产气荚膜梭菌** 是多种家畜猝死症的主要病原微生物，也可引发仔猪红痢，本型菌的主要致病毒素是 $\alpha$、$\beta$ 外毒素。

**（四）D 型产气荚膜梭菌** 可引起绵羊的肠毒血症，也叫软肾病，各种年龄的绵羊均可发生，该型菌产生的主要致病毒素是 $\alpha$、$\varepsilon$ 外毒素。

**（五）E 型产气荚膜梭菌** 可引起犊牛和羔羊的肠毒血症，不过很少发生，本型菌产生的主要致病毒素是 $\alpha$、$\varepsilon$ 外毒素，其中 $\varepsilon$ 毒素虽具有致死性和坏死性，但毒性较弱。

**（六）F 型产气荚膜梭菌** 产生 $\beta$ 毒素。

另外，产气荚膜梭菌还可产生肠毒素，此毒素在有芽孢的菌体内生成，但并不释出，当细菌溶溃时才释放出来，引起局部水肿，但不出现坏死，不耐热，能使动物产生抗毒素。

## 二、流行病学特点

本病在黄牛、奶牛、水牛和牦牛都有发生，发病不分性别和年龄，但 1 岁以内的犊牛和幼龄牛的易感性比成年牛高，但各型产气荚膜梭菌之间可能也有差异。

本病呈散发，也可呈地方性流行。常可以见到在一地胶着发生，有时可以发现和养羊之间的联系。3 周以下的犊牛对 B 型和 C 型产气荚膜梭菌特别易感，而 D 型产气荚膜梭菌病则多发于 4 周以上的犊牛，间或发生于成年牛。由 A 型产气荚膜梭菌所致的产气荚膜梭菌病见于各种年龄的犊牛和成年牛，0.5～2 岁的牛最容易发生。本病一年四季均可发生，但春、秋季和阴雨天气发病较多。

## 三、发病机制

产气荚膜梭菌随饲料或饮水进入消化道后，大部分被胃酸杀死，小部分存活并进入肠道。在正常情况下，细菌增殖缓慢，毒素产生很少，由于肠蠕动不断将肠内容物排出体外，细菌及其毒素难以在肠内大量积聚。当饲料突然改变，如牛食入大量谷物、青嫩多汁、易发酵饲料和富含蛋白质的草料后，瘤胃一时不能适应，饲料发酵产酸，使瘤胃 pH 值降低，大量未经消化的淀粉颗粒通过皱胃进入小肠，导致产气荚膜梭菌迅速繁殖并大量产生毒素，或肠道正常菌群因疾病而改变，使本菌大量增殖。高浓度的毒素可使肠黏膜坏死，肠壁的通透性增高。毒素进入血液则引起全身毒血症，血管通透性增强，溶血，白细胞和有关神经元受损，动物终因休克而死亡。

成年奶牛和犊牛较易发病，据认为与日粮中蛋白质和能量过高有关。

## 四、临床症状

各型产气荚膜梭菌引起的犊牛和成年牛症状非常相似，大致分为以下几种类型。

**(一)最急性型** 生前不见任何症状，当天采食、饮水正常，夜间入圈后亦可吃完饲草，但翌日见牛死于圈内；有的在放牧、拴系或使役时，突然出现异常，四肢无力，行走或站立不稳；喜卧地，也有四肢伸直站立支撑身体的，强行驱赶时，或倒退或步履不稳，摇摆缓步；精神沉郁，头触于地呆立；肌肉发抖，尤以后躯为甚；起卧、跳跃后跌于地，四肢呈游泳状划动，头颈向后伸直，哞叫数声不久后死亡。病程最短的几分钟，最长的 1～2 小时。

**(二)急性型** 精神沉郁，行动迟缓；食欲废绝，体温不高；心跳、呼吸均增快，心跳达 100 次/分以上；耳、鼻和四肢末端发凉，战抖，站立不稳。死前体温下降，呼吸急促，黏膜发绀，流涎，腹胀、腹痛，有的口、鼻流出多量有泡沫的红色水样物，粪便偶见血液，肌肉抽搐，倒地哀叫而亡。个别病牛在发病过程中表现出间歇性兴奋，对外界刺激敏感等症状。病程为十几小时至几十小时，致死率几乎为 100%。

**(三)亚急性型** 体温 38℃以下，肺泡呼吸音稍粗，瘤胃蠕动音减弱，口色淡白，鼻镜发凉，有的牛心音弱，心律失常，部分用药后可治愈。

病原为 A 型产气荚膜梭菌的大多数病例可以见到黄疸和血红蛋白尿，犊牛的 B 型和 C 型产气荚膜梭菌病初期可发生排灰绿色粪便的腹泻，以后变为剧烈腹泻而带血。

常常于上述三型期死亡，转为慢性且痊愈的病例少见。

## 五、病理变化

主要为小肠和全身实质器官出血。瘤胃和肠臌气，真胃黏膜明显出血、水肿。小肠黏膜弥漫出血，肠内有多量带血的黏液，肠系膜淋巴结肿大、出血。心包积液，心外膜和心内膜密布出血斑点。肝脏肿大、色黄，表面有出血点，胆囊高度肿大。脾脏轻度淤血、肿大，表面散在出血点。肺脏淤血、水肿，间质气肿，表面散布出血点。肾脏肿大，被膜下也有出血点散在，镜检肾小管上皮坏死。脑与脑膜充血、出血与水肿，有些神经细胞溶解、坏死。

## 六、诊　断

根据病史、临床症状和病理变化可做出初步诊断，确诊本病应进行病原分离培养和肠毒素鉴定。应尽快将病死牛的小肠及其内容物送相关实验室。样品送检时应在低温下保存，但不能冻结。α 和 β 毒素在动物死后数小时内会被肠道酶降解。A 型产气荚膜梭菌在尸体肠内会继续增殖，并很快侵入组织，在温暖天气更是如此。从肠内容物中鉴定出 β 毒素，可确诊肠毒血症为 C 型菌引起。如鉴定出 ε 毒素，则确定为 D 型菌所致的肠毒血症。

**（一）产气荚膜梭菌的检出**　从内脏检查中分离产气荚膜梭菌，其细菌分离率极高，可根据细菌的培养特性和生化特性进行分离鉴定。

**（二）肠毒素的检出**　这是确诊的最重要依据。取死亡病牛的小肠内容物，以 3 000 转/分离心，取上清液，于小白鼠尾静脉注射，注射后 30 分钟观察结果，出现神经症状或死亡的即为阳性。

**(三)泡沫肝试验** 取分离的产气荚膜梭菌厌氧肉肝汤培养物,1毫升给家兔耳静脉注射,10分钟后将家兔杀死,尸体置37℃恒温箱中放置4～5小时,可见家兔腹部膨大,鼻有泡沫样血液流出。剖检见各脏器肿大,产生泡沫,尤其是肝脏最显著,常被大量气体充斥,呈蜂窝状,形成所谓的"泡沫肝"。肝脏涂片镜检,可见到类似产气荚膜梭菌形态的细菌。

以上指标为依据,即可诊断为产气荚膜梭菌病。

产气荚膜梭菌血清型鉴定的传统方法可用定型血清,用中和试验的方法进行,近年来报道用酶联免疫吸附试验(ELISA)和聚合酶链式反应(PCR)可将A、B、C和D型区分开,且快速、准确。

在鉴别诊断上应考虑与饲料中毒、大肠杆菌病、沙门氏菌病、李氏杆菌病、坏死性脑炎、梨形虫病、钩端螺旋体病等相鉴别。

## 七、防治措施

**(一)预防措施** 应在冬、春季和气候多变的季节加强饲养管理,提高牛只抗病能力,消除诱发因素。合理搭配日粮,饲草、饲料变换时,要逐渐过渡。

基层兽医工作人员应经常深入疫点,对病牛实行隔离和治疗;应用250克/升生石灰乳和2%碘伏溶液对牛舍和污染场地进行交叉喷洒消毒,隔日早、晚各喷洒1次,连续消毒4～5次;彻底清除粪便和残草,统一堆积发酵;可定期用产气荚膜梭菌多联浓缩苗进行免疫接种,保护期半年。有人建议,所有干奶期的奶牛和小母牛都应免疫2次,间隔2～4周(或按商品说明),每年在产犊前1个月再加强免疫1次。犊牛也应在4周龄、8周龄和12周龄时用同种菌苗免疫。

**（二）治疗措施** 本病发展迅速，往往难以及时治疗。对患本病的同群牛紧急接种产气荚膜梭菌 A、B、C、D 高效混合疫苗。没有死亡的病牛可以使用不同的产气荚膜梭菌高免血清进行治疗。同时，进行对症治疗。早期治疗用环丙沙星及氨苄青霉素静脉注射，每日 4 次，如果有效，可换为每日肌内注射 2 次。

## 第十节 链球菌病

链球菌病主要是由 β 溶血性链球菌引起的人兽共患病的总称。链球菌病的临床表现多种多样，可以引起各种化脓创和败血症，也可表现为各种局限性感染。链球菌病分布广泛，可严重威胁人、畜健康。

### 一、病原学

链球菌种类繁多，在自然界分布很广。本菌呈圆形或卵圆形，常排列成链，链的长短不一，短者成对，或由 4～8 个菌组成，长者数十个甚至上百个。在固体培养基上常呈短链，在液体培养基中易呈长链。大多数链球菌在幼龄培养物中可见到荚膜，不形成芽孢，多数无鞭毛，革兰氏染色阳性。一部分对人、畜有致病性，一部分无致病性。

牛（或牦牛）链球菌乳房炎主要是由 B 群无乳链球菌引起，也可由乳房链球菌、停乳链球菌以及 G、L、N、O、P 群等链球菌引起；牛肺炎链球菌病是由肺炎链球菌引起的一种急性、败血性传染病，主要发生于犊牛，曾被称为肺炎双球菌感染；羊败血性链球菌病是由 C 群马链球菌兽疫亚种引起的一种急性、热性传染病，绵羊最为易感，山羊次之，主要特征是全身性出血性败血症和浆液性肺炎与纤维素性胸膜肺炎；新生犊牛、羔羊链球菌感染的病原以C群β型溶血性链球菌为主，为脐源性感染，多在脐静脉中形成血栓，然后发炎引起血栓化脓。

链球菌为需氧或兼性厌氧，多数致病菌的生长要求较高，在普通琼脂上生长不良，在加有血液、血清的培养基中生长良好。鲜血琼脂平板上生长的菌落周围形成α型（草绿色溶血）或β型（完全溶血）溶血环，前者称草绿色链球菌，致病力较低；后者称溶血性链球菌，致病力强，常引起人和动物的多种疾病，其致病因子主要有溶血毒素、红斑毒素、肽聚糖多糖复合物内毒素、透明质酸酶、DNA酶（有扩散感染作用）和NAD酶（有白细胞毒性）等。

依据革兰氏血清学分类法将链球菌分为20个血清群（A、B、C……V，I、J除外）。A群主要对人类致病，导致猩红热、扁桃腺炎以及各种炎症和败血症。对动物有致病性的主要有B、C、D、E、L、N、P群等以及绿色链球菌。属于B群的无乳链球菌是牛乳房炎的主要致病菌；C、E、G、L、O和P群中的链球菌也可引起乳房炎，偶致绵羊和山羊疾病；绿色链球菌和C、D、E、L、D群等链球菌也常引起猪、牛生殖道感染；从皮肤感染的病灶中常分离到C群和L群链球菌。

链球菌对热和普通消毒药抵抗力不强，多数链球菌经60℃加热30分钟，均可杀死，煮沸可立即死亡。常用的消毒药如2%石炭酸溶液、0.1%新洁尔灭溶液、1%煤酚皂溶液，均可在3～5分钟内将其杀死。日光直射2小时死亡，在0℃～4℃可存活160天，冷冻6个月特性不变，室温下可存活100天。

## 二、流行病学特点

动物链球菌病中以猪、牛、羊、马、鸡较常见，近来水貂、牦牛、兔和鱼类也有发生链球菌病的报道。人链球菌病以猩红热较多。3 周龄以内的犊牛易感染牛肺炎链球菌病。

病死牛、羊是主要传染源，无症状和病愈后的带菌动物也可排出病菌成为传染源。主要经呼吸道和受损的皮肤、黏膜感染，幼畜可因断脐时处理不当引起脐感染。

本病的流行具有明显的季节性。羊链球菌病的流行季节最为明显，多在每年的 10 月至翌年 4 月的冬、春季节，这是由于此时气候干燥，风大雪少，病菌飞扬易为羊只吸入，引起发病；也由于冬季寒冷，羊只常挤在一起，增加接触传染机会所致。

链球菌分布广泛，常以共栖菌和致病菌的方式存在于大多数健康的哺乳动物，包括人，甚至也可从冷血动物中分离到，有的甚至有益于动物和人类，但也有相当一部分有致病作用。其致病作用一般要在多种诱因作用下才能发生。链球菌病的暴发流行，有饲养管理与环境因素，也有遗传因素。如饲养管理不当，环境卫生差，夏季气候炎热、干燥，冬季寒冷潮湿，乍寒乍暖，以及遗传因素等使机体抵抗力降低时，都可能引起某种动物发病。羊链球菌病的流行与气候有密切关系，当气温在 0℃～－30℃或以下时，尤其在大风雪时死亡剧增。

## 三、发病机制

致病链球菌经呼吸道或其他途径（受损皮肤和黏膜）进入机体后，首先在入侵处分裂繁殖。幼龄时菌体外面形成一层黏液状荚膜，以保护细菌的生存。β 型溶血性链球菌在代谢过程中，能产生一种透明质酸酶，该酶能分解结缔组织中的透明质酸，使结缔组织疏松，通透性增强，易于本菌在组织中扩散、蔓延，很快进入淋巴管和淋巴结。继之冲破淋巴屏障，沿淋巴系统扩散到血液中，引起菌血症。临床上表现体温升高，由于细菌在繁殖过程中产生的毒素作用，使大量红细胞溶解，血液成分改变，血管壁受损和整个血液循环系统发生障碍，网状内皮系统的吞噬功能降低，以致发生热性、全身性败血症，最后导致各个实质器官严重充血、出血，浆液腔出现大量浆液纤维蛋白，尤其是富有网状内皮细胞的器官和组织，发生明显的病理改变，常常出现炎症和退行性病变，如肝脏肿大、质硬，胆囊肿大、胶样浸润，脾脏肿大 2～3 倍、质软，骨髓出血等。

当机体抵抗力强时，网状内皮细胞吞噬功能活跃，在经过短暂的菌血症之后，大部分细菌在血液中消失，小部分细菌被局限在一定范围内或定居的关节囊内，在变态反应的基础上引起关节发炎，表现悬蹄、跛行或有疼痛感，严重的引起脓肿，最后因咽喉肿胀窒息而死(羊)；或因吞咽困难，不能进食，体力衰竭而死亡。

## 四、临床症状

**(一)牛链球菌乳房炎** 病初常不被人们注意，只有当奶牛拒绝挤奶时才被发现。呈急性和慢性经过，主要表现为浆液性乳管炎和乳腺炎。

**1. 急性型** 乳房明显肿胀、变硬、发热、有痛感，伴有全身不适，体温稍增高；病牛烦躁不安，食欲减退，产奶量减少或停止，乳房肿胀加剧时则行走困难；常侧卧，呻吟，后肢伸直；病初乳汁或保持原样，或只呈现微蓝色、黄色至微红色，或出现微细的凝块至絮片，病情加剧时从乳房挤出的分泌液类似血清，呈浆液性出血性，含有纤维蛋白絮片和脓块，呈黄色、红黄色或微棕色。

**2. 慢性型** 多数病例为原发，也有不少病例是从急性转变而来，临床上无可见的明显症状。产奶量逐渐下降，特别是在整个牛群中广泛流行时尤为明显。乳汁可能带有咸味，有时呈蓝白色水样，体细胞含量可能增多，间断地排出凝块和絮片。用手触之可摸到乳腺组织中程度不同的灶性或弥漫性硬肿，乳池黏膜变硬。出现增生性炎症时，则可表现为细颗粒状至结节状突起。

**(二)牛肺炎链球菌病** 最急性病例病程短，仅持续几小时。病初全身虚弱，不愿吮乳，发热、呼吸极度困难，眼结膜发绀，心脏衰弱，出现神经紊乱，四肢抽搐、痉挛。常取急性、败血性经过，于几小时内死亡。如病程延长1～2天，鼻镜潮红，流脓液性鼻液。结膜发炎，消化不良并伴有腹泻。有的发生支气管炎和肺炎，伴有咳嗽、呼吸困难、共济失调，肺部听诊有啰音。

**(三)羊败血性链球菌病** 本病的潜伏期在自然感染为2～7天，少数可长达10天。

**1. 最急性型** 病羊初发时症状不易被发现，常于24小时内死亡，或在清晨检查圈舍时发现死于圈内。

**2. 急性型** 病羊病初体温升高至41℃以上，精神委顿，垂头、拱背、呆立、不愿走动。食欲减退或废绝，反刍停止。眼结膜充血，流泪，随后出现浆液性分泌物。鼻腔流出浆液性脓性鼻液。咽喉肿胀，咽背和颌下淋巴结肿大，呼吸困难，流涎、咳嗽。粪便有时带有黏液或血液。妊娠母羊阴门红肿，多发生流产。最后衰竭倒地，多数窒息死亡。病程2～3天。

**3. 亚急性型** 体温升高，食欲减退。流黏性透明鼻液，咳嗽，呼吸困难。粪便稀软带有黏液或血液。嗜卧、不愿走动，走时步态不稳。病程1～2周。

**4. 慢性型** 一般轻度发热、消瘦、食欲不振、腹围缩小、步态僵硬。有的病羊咳嗽，有的出现关节炎。病程1个月左右，转归死亡。

**(四)新生犊牛、羔羊链球菌感染**

**1. 犊牛** 在刚出生后即能出现眼炎。关节炎常为慢性经过，很少引起全身疾病。患脑膜炎的犊牛表现感觉过敏、僵硬、发热。

**2. 羔羊** 潜伏期常为2～3天，出生后迅速发病。关节出现肿胀后1～2天内，即出现严重跛行。关节囊积脓，常破裂，关节炎通常能恢复，偶尔因败血症死亡。

## 五、病理变化

**(一)牛链球菌乳房炎**

**1. 急性型** 患病乳房组织浆液浸润，组织松弛。切面发炎部分明显膨起，小叶间呈黄白色，柔软有弹性。乳房淋巴结髓样肿胀，切面显著多汁，有小点状出血。乳池、乳管黏膜脱落、增厚，管腔被脓块和脓栓阻塞。乳管壁为淋巴细胞、白细胞和组织细胞浸润。腺泡间组织水肿、变宽。

**2. 慢性型** 以增生性发炎和结缔组织硬化，部分肥大、部分萎缩为特征。乳房淋巴结肿大。乳池黏膜可见细颗粒性突起。单层上皮细胞变为多层，可能角化。乳管壁增厚，管腔变窄，腺泡失去分泌功能，小叶萎缩，呈浅灰色。切面膨隆，韧度坚实、有弹性、多细孔，部分有浆液性浸润。还可见到胡椒粒大至榛实大的囊肿。

**(二)牛肺炎链球菌病** 剖检可见浆膜、黏膜、心包出血。胸腔渗出液明显增量并积有血液。脾脏呈充血性增生性肿大，脾髓呈黑红色，质韧如硬橡皮，即所谓"橡皮脾"，是本病的特征性变化。肝脏和肾脏充血、出血，有脓肿。成年牛感染则表现为子宫内膜炎和乳房炎。

**(三)羊败血性链球菌病** 特征性病理变化可见各脏器广泛性出血，淋巴结肿大、出血。鼻、咽喉和气管黏膜出血。肺脏水肿或气肿，出血，出现肝变区。心冠沟和心内、外包膜有小点状出血。肝脏肿大呈泥土色，边缘钝厚，包膜下有出血点；胆囊肿大 2～4 倍，胆汁外渗。肾脏质脆、变软，出血梗死，包膜不易剥离。各个器官浆膜面附有黏稠的纤维素性渗出物。胸、腹腔和心包囊积液。尸僵常不显著。

**(四)新生犊牛、羔羊链球菌感染** 患病幼畜通常为脐化脓，严重的呈化脓性关节炎，实质器官出现脓肿。羔羊表现为瓣膜性心内膜炎。有些病例脑内积水，呈现液化性坏死。

## 六、防治措施

**(一)牛、羊链球菌病的预防** 患链球菌病的动物，自愈后机体所产生的免疫力，足可抵御链球菌再次感染。因此，应用疫苗进行免疫接种，对预防和控制本病传播效果显著。

我国已研制出用于预防羊链球菌病的灭活苗和弱毒活苗。不论福氏佐剂甲醛灭活苗或氢氧化铝甲醛灭活苗，每羊均皮下注射 3～5 毫升，保护率均能达到 75%～100%。在流行季节前进行预防注射，是预防暴发流行的有力措施。

平时应建立和健全消毒隔离制度。保持圈舍清洁、干燥和通风，经常清除粪便，定期更换垫草，保持地面清洁。引进动物时须经检疫和隔离观察，确证健康时方能混群饲养。此外，加强管理，做好防风防冻（尤其是羊群）工作，增强动物自身抗病力，也是预防本病的主要措施。

**(二)牛、羊链球菌病的治疗**　应用抗菌药物治疗有效。当分离出致病链球菌后，应立即进行药敏试验。根据试验结果，选出具有特效作用的药物进行全身治疗。如牛、羊可用青霉素或10％磺胺嘧啶注射或口服。也可按以下方法进行局部治疗：先将皮肤、关节和脐部等处的局部溃烂组织剥离，脓肿应予切开，清除脓汁，清洗和消毒。然后用抗生素或磺胺类药物以悬液、软膏或粉剂置入患处，必要时可施以包扎。

当发现本病疫情时应立即采取以下紧急防治措施。一是尽快做出确诊，制订紧急防治办法，划定疫点、疫区，隔离病畜。封锁疫区，禁止畜群调动，关闭市场，并将疫情上报主管部门和邻近地区。二是对被污染的圈舍、用具消毒后，再彻底清洗、干燥。粪便和垫草堆积发酵。三是对全群动物检疫，发现体温升高和有临床表现的，应隔离治疗或淘汰。四是对假定健康群动物可应用抗菌药物做预防性治疗或用疫苗做紧急接种。五是患病或死亡牛、羊禁止擅自宰杀和自行处理，须在兽医监督下，送到指定屠宰场，按屠宰条例有关规定处理。

## 第十一节　肉毒梭菌中毒症

肉毒梭菌中毒症是由于摄入含有肉毒梭菌毒素的食物或饲料而引起的人和多种动物的一种中毒性疾病，以运动神经麻痹为特征。本病分布于全世界，我国北纬30°～50°的西北地区较多发生。

## 一、病原学

肉毒梭菌为梭菌属成员，为腐物寄生型专性厌氧菌。在适宜条件下可产生一种蛋白神经毒素——肉毒梭菌毒素，它是迄今所知毒力最强的毒素，对人的最小致死量为 $10^{-4}$ 毫克，1 毫克纯毒素能致死 $4\times10^{12}$ 只小鼠。根据毒素性质和抗原性不同，可将本菌分为 A、B、$C_{\alpha}$、$C_{\beta}$、D、E、F、G 8 个型。肉毒的分子量约 150 000，通常以毒素分子和血凝素载体构成的复合物形式存在。肉毒梭菌毒素对胃酸和消化酶都有很强的抵抗力，在消化道内不会被破坏，其中 C、D、E、F 型毒素被蛋白酶激活后才显示出毒性。此外，毒素能耐 pH 值 6～8.5，对高温也有抵抗力（经 100℃ 15～30 分钟才能被破坏），在动物尸体、骨头、腐烂植物、青贮饲料和发霉饲料、青干草中，能保存数月。

## 二、流行病学特点

肉毒梭菌经常以芽孢体的形式广泛存在于自然界，动物肠道内容物、粪便、腐败尸体、腐败饲料以及各种植物中都经常含有，但土壤为其自然居留场所。自然发病主要是由于摄食了含有毒素的食物或饲料引起，病牛（羊）一般不能将疾病传给健康者，食入肉毒梭菌也可在体内增殖并产生毒素而引起中毒。

在畜禽中以鸭、鸡、牛、马较多见，绵羊、山羊次之，猪、犬、猫少见，兔、豚鼠和小鼠都易感，貂也有很高的易感性。其易感性大小依次为：单蹄兽、家禽、反刍兽和猪。

本病的发生有明显的地域分布，并与季节和土壤类型等有关。在温带地区，肉毒梭菌发生于温暖季节，因为在22℃～

37℃范围内，饲料中的肉毒梭菌才能大量地产生毒素。在缺磷、缺钙草场放牧的牲畜有舔啃尸骨的异食癖，更易于发生中毒。饲料中毒时，因毒素分布不匀，故不是吃了同批饲料的所有动物都会发病，在同等情况下，以膘肥体壮、食欲良好的动物发生较多。另外，在放牧盛期的夏季、秋季发生较多。

## 三、发病机制

肉毒毒素主要作用于神经肌肉接头点，阻止胆碱能神经末梢释放乙酰胆碱，阻断神经冲动传导，导致运动神经麻痹，毒素还损害中枢神经系统的运动中枢，致使呼吸肌麻痹，动物窒息死亡。

## 四、临床症状

本病的潜伏期与动物种类不同和摄入毒素量多少等有关，一般多为4～20小时，长的可达数日。

牛、羊表现为神经麻痹，由头部开始，迅速向后发展，直至四肢，也主要表现肌肉软弱和麻痹，不能咀嚼和吞咽，垂舌，流涎，下颌下垂，眼半闭，瞳孔散大，对外界刺激无反应。波及四肢时，则共济失调，病畜卧地不起，头部如产后轻瘫弯于一侧。肠音废绝，粪便秘结，有腹痛症状，呼吸极度困难，直至呼吸麻痹而死，死前体温、意识正常，严重的数小时死亡，病死率达70%～100%，轻者尚可恢复。

## 五、病理变化

剖检无特殊的变化，所有器官充血，肺脏水肿，膀胱内可能充满尿液。

## 六、诊　断

依据特征性症状，结合发病原因进行分析，可做出初诊。确诊需采集病畜禽胃肠内容物和可疑饲料，加入2倍以上无菌生理盐水，充分研磨，制成混悬液，置于室温下1～2小时，然后离心（血清或抗凝血等可直接离心），取上清液加抗生素处理后，分成2份：一份不加热，供毒素试用，另一份100℃加热30分钟，供对照用。可选择鸡、鸽子、小鼠、豚鼠等实验动物进行试验，如检出毒素后需做毒素型别鉴定。

本病应注意与其他中毒、低钙血症、低镁血症、葡萄穗霉中毒和其他急性中枢神经系统疾病相鉴别。

## 七、防治措施

畜禽预防的主要措施在于随时清除牧场、畜禽舍中的腐烂饲料，不使畜禽食入。禁喂腐烂的草料、青菜等，调制好的饲料要防止腐败，缺磷、缺钙地区应该补充。发病时，应查明和清除毒素来源，发病畜禽的粪便内含有多量肉毒梭菌及其毒素，要及时清除。在经常发生本病的地区，可用同型类毒素或明矾菌苗进行预防接种。治疗在早期可注射多价抗毒素血清，毒型确定后可用同型抗毒素，在摄入毒素后12小时内均有中和毒素作用。大家畜内服大量盐类泻剂，或用5％碳酸氢钠、0.1％高锰酸钾溶液洗胃灌肠，可促进毒素排出，有报道，应用盐酸胍和单醋酸芽胚碱可促进神经末梢释放乙酰胆碱和增加肌肉的紧张性，对本病有良好的治疗作用。

## 第十二节　产气荚膜梭菌和多杀性巴氏杆菌混合感染

产气荚膜梭菌和多杀性巴氏杆菌混合感染经常造成牛、羊猝死，其特点是：病畜突然死亡，全身实质器官和消化道急性出血，小肠节段性坏死。

### 一、流行病学特点

本病呈地方性散发或地方性流行，主要侵袭膘情较好的幼龄家畜，但成年家畜也可以感染。本病一年四季均可发生，但以冬、春季发病较多，病畜大多以死亡告终。

### 二、临床症状

牛、羊发病多为急性经过，常不见任何前驱症状而突然死亡，短则几分钟，长则 1～2 小时。死亡时体温降至正常以下。呼吸急促，口腔黏膜发绀，腹胀，口、鼻流出大量带有泡沫的红色水样物，全身肌肉震颤，随后倒地，四肢划动，狂叫乱咬，很快昏迷死亡。死亡 30 分钟至 1 小时后，腹部高度肿胀，肛门外翻，舌脱出口腔。

### 三、病理变化

主要表现为全身实质器官出血和小肠阶段性坏死。胸、腹腔蓄积多量暗红色液体，胃、肠高度胀气，有时可见胃破裂。剖开胃壁，胃黏膜脱落，并有出血斑点。小肠阶段性坏死，呈红褐色，似红肠，切开后流出大量深棕色黏稠液体，含有大量血液；肠黏膜严重脱落、坏死，呈弥漫性出血。肠系膜淋巴结肿大、严重出血，切开呈大理石样。心脏质地变软，心耳有大量出血点，有的心耳呈紫褐色，心冠弥漫性出血。肝脏肿大、易碎，有大量出血斑。脾脏肿大、出血，呈紫黑色。肺脏水肿，呈鲜红色。肾脏肿大、质脆，有出血点。

## 四、诊　断

结合临床症状、疫苗注射情况和病理变化可做出初步诊断，确诊需进行细菌培养和动物接种实验。

## 五、防治措施

**（一）定期预防注射，提高家畜免疫力**　产气荚膜梭菌苗和巴氏杆菌苗同时使用，方法为分别注射，效果较好。注苗后要做好观察，对过敏的牛可应用肾上腺素或强力解毒敏进行治疗。

**（二）加强饲养管理**　供给品质优良的饲草、饲料，经常补饲一些含硒、铜等微量元素和矿物质的添加剂，如亚硒酸钠-维生素 E、含硒生长素等。饮水要清洁，量要充足，圈舍勤起勤垫，定期消毒。

**（三）坚持自繁自养**　尽量不从外地购牛，必须购入时，要购买非疫区并经检疫的健康牛。购回后，要隔离观察半个月以上，确保无病后方可混群饲养。

**（四）治疗**　本病一般发病急，病程短，死亡快，多数来不及治疗即死亡。对病程长的，及早应用强心剂、抗生素、磺胺类药物进行对症治疗，静脉注射葡萄糖、生理盐水、维生素 C、强心剂等药物，可减少病牛的死亡。

## 第十三节 葡萄球菌病

葡萄球菌病通常称为葡萄球菌感染，是由葡萄球菌引起的人和动物多种疾病的总称。葡萄球菌常引起皮肤的化脓性炎症，也可引起菌血症、败血症和各内脏器官的严重感染。有报道称，本菌和巴氏杆菌、大肠杆菌混合感染可引起牛、羊猝死。近年来，世界各地本病的发病率均有增长趋势，由葡萄球菌肠毒素所致食物中毒大为增加，由于耐药菌株的增多，引起许多重要器官的疾病，常可危及人和动物的生命。因此，本病日益受到医学界和兽医界的重视。

### 一、病原学

葡萄球菌为革兰氏阳性球菌，无鞭毛，不形成芽孢和荚膜，常呈葡萄串状排列，在脓汁或液体培养基中常呈双球或短链状排列。为需氧或兼性厌氧菌，在普通培养基上生长良好。根据细菌壁的组成、血浆凝固酶、毒素产生和生化反应的不同，可将葡萄球菌分为金黄色葡萄球菌、表皮葡萄球菌和腐生性葡萄球菌 3 种，其中主要的致病菌为金黄色葡萄球菌。

葡萄球菌的致病力取决于其产生毒素和酶的能力，已知致病性菌株能产生血浆凝固酶、肠毒素、皮肤坏死毒素、透明质酸酶、溶血素、杀白细胞素等多种毒素和酶。大多数金黄色葡萄球菌能产生血浆凝固酶，还能产生数种引起急性胃肠炎的蛋白质性的肠毒素。

葡萄球菌对外界环境的抵抗力较强。在尘埃、干燥的脓血中能存活几个月，加热 80℃30 分钟才能杀死。对龙胆紫、青霉素、红霉素、庆大霉素敏感，但易产生耐药菌株。

## 二、流行病学特点

葡萄球菌在自然环境中分布极为广泛，空气、尘埃、污水以及土壤中都有存在，也是人和动物体表和上呼吸道的常在菌。多种动物和人均有易感性。

本病可通过各种途径感染，破裂和损伤的皮肤黏膜是主要的入侵门户，甚至可经汗腺、毛囊进入机体组织，引起毛囊炎、疖、痈、蜂窝织炎、脓肿以及坏死性皮炎等；经消化道感染可引起食物中毒和胃肠炎；经呼吸道感染可引起气管炎、肺炎。也常成为其他传染病混合感染或继发感染的病原。

葡萄球菌病的发生和流行与各种诱发因素有密切关系，如饲养管理条件、恶劣环境、污染程度严重、有并发症存在使机体抵抗力减弱等。

## 三、临床症状和病理变化

**(一)牛葡萄球菌乳房炎**　主要由金黄色葡萄球菌引起，呈急性、亚急性和慢性经过。

**1. 急性乳房炎**　患区呈现炎症反应，含有大量脓性絮片的微黄色至微红色浆液性分泌液和白细胞渗入到间质组织中。受害小叶水肿、增大、有轻微疼痛。重症患区红肿，迅速增大、变硬、发热、疼痛。乳房皮肤绷紧，呈蓝红色，仅能挤出少量微红色至红棕色含絮片分泌液，带有恶臭味，并伴有全身症状，有时表现为化脓性炎症。

**2. 慢性乳房炎**　约占60%，病初常被忽视，多不表现症状，但产奶量下降。直至在乳中出现絮片才被发现。后期可见乳房因结缔组织增生而硬化、缩小，乳池黏膜出现息肉并增厚。

**(二)绵羊传染性乳房炎** 由金黄色葡萄球菌引起的一种病程极为短促的急性、坏疽性乳房炎。感染后 24 小时发病，常于 2～3 天死亡。乳房发热、疼痛、高度肿胀。乳房皮肤绷紧，呈蓝红色，从脐到耻骨皮下组织水肿。乳房分泌物呈红色至黑红色，带恶臭味。继发巴氏杆菌感染时，乳房分泌液呈水样，含有黄白色絮片。可摸到乳房中有豌豆大至鸡蛋大的坚硬结节，触摸有波动感。从乳房中排出一种带有臭味的棕色分泌液。接着患侧乳房硬化，病羊食欲不振和虚弱。因乳房疼痛，放牧时后腿拖地前进，并抵制羔羊吮乳。羔羊表现为皮炎或脓毒血症。

## 四、诊　断

根据临床症状和流行病学资料对本病可做出初步诊断，但确诊或进行药敏实验，还需进行实验室检查。

**(一)病原检查** 采取化脓灶的脓汁或败血症病例的血液、肝脏、脾脏等涂片，革兰氏染色后镜检，依据细菌的形态、排列和染色特性可做出诊断，必要时进行细菌分离培养。对无污染的病料(如血液等)可接种于血琼脂平板，对已污染的病料应同时接种于 7.5%氯化钠甘露醇琼脂平板，置于 37℃条件下 48 小时后，再于室温下放置 48 小时，挑取金黄色、溶血或甘露醇阳性菌落，革兰氏染色，镜检。致病性金黄色葡萄球菌的主要特点是产生金黄色素，有溶血性，发酵甘露醇，产生血浆凝固酶，皮肤坏死和动物致死试验阳性等。

动物接种试验可用分离的葡萄球菌培养物经肌肉(胸肌)接种于 40～50 日龄健康鸡，经 20 小时可见注射部位出现炎性肿胀，破溃后流出大量渗出液，24 小时后开始死亡。症状和病变与自然病例相似。

**(二)血清学检查** 由于抗菌药物的广泛应用,培养结果常呈阴性。因此,用血清学方法检查葡萄球菌的抗体或抗原,对诊断严重感染的病畜或病人,有一定的参考意义。可用对流免疫电泳或酶联免疫吸附试验检查血清中的抗体;或用对流免疫电泳法检查脑脊液和胸腔液中的抗原,或用放射免疫法检测感染动物血清中的抗原。

## 五、防治措施

**(一)预 防**

**1. 切断传染源** 减少敏感宿主对具有毒力和耐抗生素菌株的接触;严格控制有传播病菌危险的病人和病畜与易感动物接触。

**2. 注意消毒** 对手术伤、外伤、断脐、擦伤等按常规方法操作,被葡萄球菌污染的手和物品要彻底消毒,呈流行性发生时,对周围环境也应采取消毒措施。

**3. 加强饲养管理** 防止因环境因素的影响而使抗病力降低;防止皮肤外伤,圈舍、笼具和运动场地应经常打扫,注意清除锋利尖锐的物品,防止划破皮肤。如发现皮肤有损伤,应及时给予处置,防止感染。

**(二)治疗** 首先应对分离的菌株进行药敏试验,找出敏感药物进行治疗。据报道,金黄色葡萄球菌对新型青霉素耐药性低,特别是异噁唑类青霉素,应列为首选治疗药物。其他如红霉素、庆大霉素或卡那霉素等也可考虑合用或单用。对皮肤或皮下组织的脓创、脓肿、皮肤坏死等可进行外科治疗。

## 第十四节 心水病

心水病又称立克次氏体病，是一种由立克次氏体引起的发热性传染病，可侵害多种反刍动物。绵羊和山羊对本病较为易感，牛也可发病，有造成牛、羊猝死的报道。本病主要流行于夏季湿热的低洼地区，通过蜱的吸血活动机械传播。

### 一、病原学

病原体是 Cowdry(1926) 发现的反刍兽立克次氏体，其在人工培养基中不能培养繁殖。反刍兽立克次氏体大小为 0.2～0.5 微米，呈圆形、椭圆形或杆状，革兰氏染色阴性，用姬姆萨氏法染色呈蓝色。在发热期间，病原体大量存在于大脑、肾脏等组织的血管内皮细胞中，少数附着于红细胞上。

### 二、流行病学特点和临床症状

本病的潜伏期一般为 7～14 天。发病后有时仅表现为体温升高，有时还出现神经症状，如步态不稳、转圈运动、肌肉震颤。病后期胸前、腹下水肿；全身发生强直性痉挛伴有颈项僵硬，倒地，呼吸困难，鼻孔中有白色泡沫状液体流出。如病牛、羊耐过本病，则病原体从血液中消失，但在一定时期（约 60 天）内仍为带菌者，痊愈动物具有一定的免疫保护能力。

### 三、病理变化

皮下水肿，呈黄色胶冻样；心包扩张、积液；肺脏淤血、水肿；呼吸道、消化道和膀胱黏膜有出血点；皱胃明显水肿；脾脏中等肿胀；内脏淋巴结出血、水肿。

## 四、防治措施

预防本病的原则是：第一，在流行季节，对疫区的易感动物进行药物预防，直至吸血昆虫停息期；第二，定期检疫，查出病畜，尤其是带菌动物，对阳性者及时给予药物治疗；第三，患病动物应限制其进入非疫区；第四，经常抓好灭蜱工作。

治疗本病可用磺胺乌利龙（按 20 毫克/千克体重，溶于 10 倍 1.3％的氢氧化钠溶液中，静脉注射，每隔 24 小时使用 1 次，连用数次）。也可用磺胺二甲基嘧啶和广谱抗生素进行治疗。

# 第四章　病毒引起的牛羊猝死症

## 第一节　绵羊痒病

又称“驴跑病”、“搔痒病”，是成年绵羊的一种缓慢发展的传染性中枢神经系统疾病，偶尔也发生于山羊。其特征为潜伏期长、剧痒、肌肉震颤、衰弱、委顿、进行性运动失调，最后瘫痪死亡。本病早在 18 世纪中叶就发生于英格兰，1983 年我国从英国苏格兰引进的边区莱斯特羊群中发现疑似病例，根据病羊症状并通过脑组织病理组织学检查确诊为本病。

### 一、病原学

本病的病原属于亚病毒因子中的朊病毒（PrP），有人译为朊粒或朊蛋白。

朊病毒是一种特殊传染因子，它不同于一般病毒，也不同于类病毒，它没有核酸，而是一种特殊的糖蛋白。进一步研究发现许多种正常动物和人的脑细胞和其他细胞也有这类朊蛋白。

朊病毒有 2 类：一类是正常细胞具有的，对蛋白酶敏感，易被其消化降解，存在于细胞表面，无感染性，用 $PrP^{c}$ 代表；当结构异常时，就成为另一类有致病性的朊病毒（$PrP^{sc}$），对蛋白酶 K 有一定抵抗力。两者在 mRNA 和氨基酸水平上无任何差异，但生物学特性和立体结构不同。

致病性朊病毒分子大小为 27～30ku，因与正常机体细胞膜成分结合在一起，不易为机体免疫系统所识别，因而用一般的抗原-抗体反应很难检测出来。

致病性朊病毒的抵抗力很强，对热、辐射、酸-碱和常规消毒剂有很强的抗性。病畜脑组织匀浆经134℃～138℃高温处理1小时，对实验动物仍有感染力。用含有致病性朊病毒的组织制成的饲料（肉骨粉）和人类食品或化妆品的添加剂，经180℃干热处理1小时仍有部分感染力。病畜组织在3%～6%甲醛水溶液中几个月仍有感染性，还能耐受2摩/升的氢氧化钠溶液达2小时。

致病性朊病毒单个无侵袭力，3个以上相结合后才具有侵袭力，在脑组织中大约1 000个致病性朊病毒可形成100～200纳米大小的纤维状物，即痒病相关纤维（SAF），在电镜下可检出。痒病相关纤维发现于自然感染和人工感染痒病的绵羊脑组织内，也见于牛海绵状脑病和人类克-雅氏病的脑组织内，因其具有一定的特异性，因此可作为各种海绵状脑病的病理学诊断指标。

致病性朊病毒在感染动物各种组织中的含量不同，按感染滴度大小，以脑为最高，脊髓次之，淋巴结、骨骼、肺脏、心脏、肾脏、肌肉等的感染滴度均甚低。

致病性朊病毒已知能引起人和动物多种传染性海绵状脑病。

## 二、流行病学特点

本病多发于种羊群和生产羊毛的羊群。不同性别、品种的羊均可发生，但品种间的易感性有很大差异。绵羊对本病的易感性随年龄增长而下降，羔羊特别是新生羔羊高度易感。自然感染的潜伏期为1～3年，2～5岁的绵羊多发，5岁以上和 18 月龄以下的绵羊一般不发病。山羊发病年龄与绵羊大致相同，易感性比较一致，潜伏期很少超过 1 年。关于痒病的传播途径，还不完全清楚，但已证实绵羊与山羊间可以接触传播，且感染母羊的胎膜和胎盘内含有痒病病毒，可从母羊垂直传染胎羊和羔羊。取病羊血液和血清接种易感绵羊，可使之发病。病羊的脑脊髓悬浮液经脑内甚至皮下注射，均能在易感绵羊复制本病。将感染的脑组织非经肠注射（或经口投服）于小鼠、大鼠、仓鼠、水貂和猴都能引起实验性的痒病。

## 三、发病机制

感染本病后，病毒进入绵羊血液并定位于脾脏和淋巴结中，后来到达唾液腺、胸腺、肺脏、骨髓、肝脏、肾脏、膀胱和肠道。病毒在这些器官中缓慢地繁殖，存留于整个病程中。数月后，病毒进入脊髓最后达到大脑，在靶细胞（神经细胞）中繁殖并引起损害。

病毒以非经肠的方法给小鼠注射，可依次发生下列现象：脑组织中的病毒滴度增加，12～14 周后神经细胞内空泡形成，胶质细胞开始肥大，DNA 酶、β-葡萄糖酸酶和 N-乙酰-R-氨基葡萄糖酶的活性增加，19 周以后出现临床症状，最后可能由于神经系统的功能遭受破坏而死亡。

## 四、临床症状

1 岁半以下的羊极少出现临床症状。

病初病羊表现沉郁和敏感，易惊，有癫痫症状。抓提病羊时，这些症状更易发生，表现剧烈。或表现过度兴奋、抬头、竖耳、眼凝视，以一种特征的高抬腿姿态跑步（似驴跑的僵硬步态），驱赶时常反复跌倒。随着病的进展，运动时共济失调逐渐严重。头颈部肌肉常发生震颤，且在兴奋时震颤加重，静卧病羊体温一般正常。

发展期病羊靠着栅栏、树干和器具不断摩擦其背部、体侧、臀部和头部，一些病羊还用其后肢搔抓胸侧、腹侧和头部，并自咬其体侧和臀部皮肤。因此，在病羊的颈部、体侧、背部等出现大面积的秃毛区。除机械性擦伤外，一般没有皮肤炎症。如果触摸发痒的皮肤，可能反射地刺激病羊伸颈、摆头、咬唇和舔舌。病羊视力丧失时经常与栅栏和器具之类的物体相碰撞。

后期病羊机体衰弱，出现昏睡或昏迷，卧地不起。在整个患病期间，体温不升高，食欲正常，但体重下降。病程从几周到几个月，甚至1年以上，所有病羊终归死亡。

少数病例呈急性经过，仅有轻微症状，患病数日即突然死亡。有的病例只出现共济失调和麻痹症状，病程为0.5～1个月。这样的病例多见于2岁或2岁以下的幼羊。

有的学者建议按临床表现将痒病分为搔痒型、麻痹型和无症状型。

## 五、病理变化

尸体解剖，除摩擦和啃咬引起的羊毛脱落、皮肤创伤和消瘦外，内脏常无肉眼可见的病变。病理组织学变化仅见于脑干和脊髓，特征性的病变包括神经元的空泡变性与皱缩、灰质的海绵状疏松、星形胶质细胞增生等。病变是非炎性的，两侧对称。神经元的空泡形成表现为单个或多个空泡出现在胞质内。典型的空泡呈圆形或卵圆形，界限明显，它代表液化的胞质团块。海绵状疏松是神经基质的空泡化，使基质纤维分解而形成许多小孔。无病毒性脑炎的病变。

## 六、诊　断

根据潜伏期很长、双亲中有痒病的病史、不断擦痒、反射性咬唇舔舌、运动性共济失调等典型临床症状和在丘脑、延髓可发现特征性病变，诊断并不困难，但在新疫区或新发病群，确诊必须进行有关的实验室诊断，如动物感染试验、致病性朊病毒免疫学检测和痒病相关纤维检查等。

**(一)朊病毒的生物学测定法**　至今尚无可供检测朊病毒的细胞培养系统，只能使用动物做生物学测定，小鼠和仓鼠是最常用的实验动物。将被检标本（脑、脊髓、脾脏等）匀浆做10倍稀释（8～10个稀释度），每稀释度通常脑内接种6只小鼠（各30微升）或仓鼠（50微升）。接种动物每3天检查1次，濒死扑杀取脑做组织病理学检查。原代分离观察期小鼠为1年或更久，仓鼠为7～8个月，最后根据动物发病和死亡数计算终点滴度半数感染量（$ID_{50}$）和半数致死量（$LD_{50}$）。脑匀浆的终点滴度一般为每克脑组织$10^5$～$10^{11}$ $LD_{50}$。

**(二)扁桃体活检**　在自然感染痒病的羔羊10月龄时，取扁桃体进行致病性朊病毒免疫组织化学染色，纯化的致病性朊病毒特异性抗血清能使痒病感染的组织着色，而对正常的组织则不着色。由此可检出致病性朊病毒，是一种很有价值的临床和生前诊断方法。

**(三)痒病相关纤维检查**　是传染性海绵状脑病的特异诊断方法，在被检材料不适合做组织病理学检查时尤为重要。通常以冰冻保存的脑和脊髓作为被检材料。取1～10克被检材料，以10%（W/V）N-Laruoylsarcosine溶液制备匀浆，然后将抽提物用超速离心机先以22 000克的离心力离心10分钟，再以540 000克的离心力离心20分钟后，最终沉淀物以蛋白酶K

(PK)按 10 微克/毫升的浓度，于 37℃下处理 1 小时，然后重悬于 50 微升蒸馏水供负染做电镜检查。

**(四)单克隆抗体**　在朊病毒病诊断上已广泛应用，应用各种特异的单克隆抗体可以区分小鼠、仓鼠和人的致病性朊病毒。最近又制备了只和各种动物致病性朊病毒共有位点而不和非致病性朊病毒反应的特异单克隆抗体，应用此单克隆抗体时，标本无须蛋白酶 K 处理即可检测。

### 七、防治措施

痒病已被我国定为法定传染病，一般的防治措施无效，一旦发生应立即申报并采取扑杀、隔离、封锁和监测等措施予以扑灭。羊舍消毒可用次氯酸钠，有效氯浓度应不低于 $5\times10^{-4}$，作用时间不少于 1 小时。

## 第二节　牛海绵状脑病

也称疯牛病，以潜伏期长、病情逐渐加重、行为反常、运动失调、轻瘫、体重减轻、脑灰质海绵状水肿和神经元空泡形成为特征。病牛终归死亡。

本病首次发现于苏格兰(1985)，以后在爱尔兰、美国、加拿大、瑞士、葡萄牙、法国和德国等也有发生。英国牛海绵状脑病的流行最为严重，至 1997 年累计确诊达 168 578 例，涉及 33 000 多个牛群。初步认为是牛食入了污染绵羊痒病或牛海绵状脑病病毒的骨肉粉而发病的。由于比利时还发现了一些怀疑由于食入了病牛肉、奶产品而被感染的人类海绵状脑病(新型克-雅氏病)患者，因而引发了一场震惊世界的轩然大波。欧盟国家以及美洲、亚洲、非洲等的 30 多个国家(包括我国)已先后禁止英国牛及其产品的进口。

## 一、病 原 学

本病病原为与痒病病毒相类似的一种朊病毒。一般认为,牛海绵状脑病是因“痒病相似病原”跨越了“种属屏障”引起牛感染所致。1986 年 Well 首次从牛海绵状脑病病牛脑乳剂中分离出痒病相关纤维,经对发病牛的痒病相关纤维的氨基酸分析,确认其与来源于痒病病羊的致病性朊病毒是同一性的。导致牛海绵状脑病的朊病毒在病牛体内的分布仅局限于脑、颈部脊髓、脊髓末端和视网膜等处。

## 二、流行病学特点

无论自然感染还是实验感染,其宿主范围均较广。牛海绵状脑病可传至猫和多种野生动物,也可传染给人。患痒病的绵羊、种牛以及带毒牛是本病的传染源。动物主要是由于摄入混有病羊或病牛尸体加工成的骨肉粉而经消化道感染的。

病牛发病年龄多为 4～6 岁,2 岁以下的病牛罕见,6 岁以上牛发病率明显减少。迄今见到最年幼的病牛是 22 月龄,年龄最大的病牛为 15 岁。牛海绵状脑病的平均潜伏期约为 5 年,奶牛发病多于肉牛,绝大多数病牛为母牛。

大多数肉用牛于 2～3 岁即被屠宰食用,故实际感染牛海绵状脑病的牛数应远多于临诊病例数。据估计,1985～1995 年有 70 多万头处于潜伏期的牛海绵状脑病病牛进入人的食物链,这构成了严重的公共卫生问题。

## 三、临床症状

牛海绵状脑病的临床症状表现为一般全身症状和神经症

状,97%的病例至少有焦虑不安、感觉过敏和共济失调这三大主要症状中的一种。

第一,精神异常。表现为离群独处,焦虑不安,恐惧,狂暴,神志恍惚,磨牙,两耳一只前伸,另一只位置正常或向后。病牛由于胆怯、恐惧,当有人靠近或追逼时往往出现攻击性行为。

第二,运动障碍。主要表现为共济失调。病初最常见的症状是轻度的后肢运动失调,在病牛急转弯时较明显。病牛不愿或难以通过挤奶装置、门洞、台阶和坡道。快速行走时步态异常,同侧前后肢同时起步,随后发展至行走时后躯摇晃、步幅变短、转弯困难、易摔倒,甚至起立困难或不能站立而终日卧地。有的病牛后期前肢也出现运动失调。68%的病牛头、颈和肩部肌肉震颤,有时波及全身,个别病牛后期采食困难。

第三,感觉障碍。最常见的症状是对触摸和声音过度敏感,表现惊恐甚至倒地;50%的病例在挤奶间内挤奶时乱踢乱蹬。部分病牛抗拒检查,特别是抗拒头部检查。42%的病牛频频舐鼻和胁部,以头摩擦其他物体。在安静环境中,病牛感觉过敏症状明显减轻,其他神经症状也可缓解。

病初 6~8 周间,病势发展快,病情日益加重。病程多数为 1~4 个月,少数长达 1 年左右。病牛几乎全部死亡或被扑杀。

第四,血液学检查和血液生化检查一般无异常。

## 四、病理变化

肉眼变化不明显,主要的病理变化是脑组织呈海绵样外观(脑组织的空泡化)。脑干灰质发生双侧对称性海绵状变性，在神经纤维网和神经细胞中含有数量不等的空泡，无任何炎症反应。

## 五、诊断要点

根据特征的临诊症状和流行病学特征可以做出牛海绵状脑病的初步诊断。由于本病既无炎症反应，又不产生免疫应答，迄今尚难以进行血清学诊断，所以定性诊断目前以大脑组织病理学检查为主。据 Well 等(1989)报道，根据脑干区的空泡变化，特别是延髓孤束核和三叉神经脊束核的空泡变化，诊断牛海绵状脑病的准确率高达 99.6%。脑干神经元和神经纤维网空泡化具有示病性意义。为确诊需进行的实验室诊断，如动物感染试验、致病性朊病毒的免疫学检测和痒病相关纤维检查等详见绵羊痒病中所述。

鉴别诊断应注意与低镁血症、神经型酮血症、母牛倒地不起综合征、狂犬病、李氏杆菌病、神经系统肿瘤、铅中毒、伪狂犬病、脊髓坏死等相区别。

低镁血症、酮血症通过血液生化检查和治疗试验不难与牛海绵状脑病区分。狂犬病有被犬咬伤的病史、病程急速、组织病理学检查可见神经细胞胞质内包涵体。李氏杆菌病病程比牛海绵状脑病短，多发于冬、春季节，尸检和组织病理学检查有其自身的特征病变。其他类似疾病根据流行病学资料、临床经过、特别是组织病理学检查也多不难鉴别。

## 六、防治措施

为了控制本病，在英国规定扑杀和销毁病牛；禁止在饲料中添加反刍动物蛋白(肉骨粉等)；严禁病牛屠宰后供食用，禁止销售病牛肉。近年来已有不少国家(包括我国)禁止从英国进口活牛、冷冻精液、胚胎和任何肉骨粉等，以防止本病传入国内。

我国尚未发现疯牛病，但仍有从境外传入的可能，为此要加强口岸检疫和邮检工作，严禁携带和邮寄牛肉及其产品入境。还应建立疯牛病监测系统，对疯牛病采取强制性检疫和报告制度。一旦发现可疑病例，应即屠宰，并取脑各部位组织做神经病理学检查，如符合疯牛病的诊断标准，对其接触牛群亦应全部处理，尸体焚毁或深埋 3 米以下。

## 第三节 轮状病毒感染

轮状病毒感染主要是多种幼龄动物（包括牛、羊、猪、马、兔、鹿、叉角羚、猴、犬及家禽）的一种急性肠道传染病，以腹泻和脱水为特征。本病有和巴氏杆菌、产气荚膜梭菌混合感染的报道，常常造成猝死。各种年龄的动物均可感染轮状病毒，但常呈隐性经过。

### 一、病原学

轮状病毒属呼肠孤病毒科、轮状病毒属。人和各种动物的轮状病毒在形态上无法区别，均由 11 个双股 RNA 片段组成，有双层衣壳。本病毒与同科的其他成员无抗原关系。各种动物和人的轮状病毒内衣壳具有共同抗原（群特异抗原），可用补体结合反应、免疫荧光试验、免疫扩散试验和免疫电镜检查出来。

轮状病毒分为 A、B、C、D、E、F 6 个群，A 群又分为 2 个亚群（亚群Ⅰ和亚群Ⅱ），为常见的典型病毒，宿主包括人和各种动物，其他几个群则不常见。B 群宿主为猪、牛、大鼠和人，

C 群和 E 群为猪，D 群为鸡和火鸡，F 群为禽。

用聚丙烯酰胺凝胶电泳分析轮状病毒的基因产物，可见到分子质量由小到大依次排列的 11 条区带，形成图谱，称为电泳型。由于第十条和第十一条区带的泳动间距不同，又分为长电泳型和短电泳型 2 类，间距大的称为长电泳型，间距小的称为短电泳型。A 群的亚群Ⅰ为短电泳型，亚群Ⅱ为长电泳型。动物轮状病毒到目前为止所见到的均为长电泳型。但分子流行病学研究则发现，同属一个血清型的轮状病毒可以表现为不同的电泳型，而同样的电泳型可以分属于不同的血清型。

轮状病毒很难在细胞培养中生长繁殖，有的即使增殖也不产生或仅轻微产生细胞病变。只有犊牛和猪的某些毒株能在一些细胞株中繁殖生长。新生犊牛腹泻轮状病毒可在恒河猴胎肾传代细胞株（MA-104）单层中产生明显的蚀斑。

轮状病毒对理化因素有较强的抵抗力，在室温下能保存 7 个月。对 pH 值 3～9 稳定，能耐超声震荡和脂溶剂。60℃加热 30 分钟可存活，但在 63℃加热 30 分钟则被灭活。在 37℃条件下，0.3％甲醛水溶液须经 3 天才能将其灭活，但 0.01％碘溶液、1％次氯酸钠溶液和 70％酒精可使病毒迅速丧失感染力。

## 二、流行病学特点

患病的牛、羊和隐性病畜是本病的传染源。病毒主要存在于肠道内，随粪便排到外界环境，污染饲料、饮水、垫草和土壤等，经消化道途径传染易感家畜。痊愈动物从粪便中排毒持续期至少 3 周。病畜痊愈获得免疫，但主要属于细胞免疫，所以痊愈动物可以再感染。重要的是轮状病毒可以从人或一种动物传给另一种动物(如人轮状病毒能使猴、仔猪和羔羊感染发病,犊牛和鹿的轮状病毒均可感染仔猪等),只要病毒在人或一种动物中持续存在,就有可能造成本病在自然界中长期传播,这也许是本病普遍存在的重要因素。本病传播迅速,多发生在晚秋、冬季和早春季节。应激因素,特别是寒冷、潮湿、不良的卫生条件、饲喂不全价的饲料和其他疾病的袭击等,对疾病的严重程度和病死率均有很大影响。

## 三、发病机制

病毒经口进入动物机体,由于能抵抗蛋白分解酶和胃酸的作用,所以能顺利通过胃而到达小肠,经胰蛋白酶激活而感染小肠绒毛顶部上皮,在其中增殖并使之发生变性、溶解或脱落,绒毛遂缩短变宽。隐窝细胞未分化成熟就移向感染发病的绒毛上皮,并取代其位置,于是发生吸收不良,双糖特别是乳糖消化障碍,电解质随细胞外液转移至肠腔,从而导致腹泻。

## 四、临床症状

各种年龄的牛、羊都可感染轮状病毒,感染率最高可达90%～100%,常呈隐性经过,一般发病的多是幼龄牛、羊。

**(一)犊牛** 多发生于1～10日龄的新生犊牛。潜伏期1～4天。病初症状不明显或病犊精神委靡;体温正常或略有升高,若体温下降至常温以下则是死亡征兆;厌食和腹泻,粪便呈黄白色液状,有时带有黏液和血液;腹泻延长,则脱水明显,严重的常有死亡。病死率可达50%,病程1～8天。严重病犊在用葡萄糖生理盐水代替饮奶后可获痊愈,故病犊继续饮奶是有害的。恶劣的寒冷气候常使许多病犊在腹泻后暴发严重的肺炎而死亡。成年牛患本病，小肠和大肠有条状和斑点状出血，肠黏膜容易脱落，内容物稀薄，全身淋巴结水肿，胆囊肿大。

**(二)羔羊** 潜伏期短，主要症状也是腹泻、委顿、厌食、体重减轻和脱水等，一般经 4～8 天痊愈。幼龄动物也有死亡。根据血清学检查，血清阳性检出率高，隐性感染普遍。

## 五、病理变化

牛、羊轮状病毒感染的病变基本相同，主要限于消化道。幼龄动物胃壁弛缓，胃内充满凝乳块和乳汁。小肠肠壁菲薄，半透明，内容物呈灰黄色或灰黑色的液状。有时小肠广泛出血，肠系膜淋巴结肿大。病犊小肠绒毛用电镜切片观察和免疫荧光检查，可看到绒毛萎缩变短，隐窝细胞增生，圆柱状的绒毛上皮细胞被鳞状或立方形的细胞所取代，而绒毛固有层有淋巴细胞浸润。

## 六、诊　断

第一，本病在寒冷季节发病，10 日龄幼犊多受侵害。发病率高，死亡率低。

第二，病畜水样腹泻，粪便呈黄白色或黄绿色。小肠壁菲薄，内容物呈水样。

第三，病畜小肠绒毛短缩扁平。

第四，应用电镜检查与免疫荧光抗体技术等实验室方法进行确诊。

## 七、防治措施

**(一)预防** 本病的预防主要依靠加强饲养管理,认真执行一般的兽医防疫措施,增强母畜和仔畜的抵抗力。在疫区要做到新生仔畜及早吃到初乳,接受母源抗体的保护以减少和减轻发病。据报道,一定量的母源抗体只能防止腹泻的发生,而不能消除感染及其后的排毒。

美国制成了 2 种预防牛轮状病毒感染的疫苗。一种是弱毒苗,于犊牛出生后吃初乳前经口给予,2～3 天就可产生坚强的抗强毒感染能力,另一种是甲醛灭活苗,分别在产前60～90 天和 30 天给妊娠母牛注射 2 次,使母牛免疫,产生高效价抗体,通过初乳转移给新生犊牛,有效地保护犊牛安全度过易感期。

我国用 MA-104 细胞系连续传代,研制出猪源弱毒疫苗和牛源弱毒疫苗。用牛源弱毒疫苗免疫母牛,所产犊牛 30 天内未发生腹泻,而对照腹泻率为 22.5%。

**(二)治疗** 发现病畜后除采取一般防疫措施外应停止哺乳,用葡萄糖生理盐水给病畜自由饮用。对病畜进行对症治疗,如投用收敛止泻剂,使用抗菌药物以防止继发的细菌性感染,静脉注射葡萄糖生理盐水和碳酸氢钠溶液以防止脱水和酸中毒等,一般都可获得良好效果。

# 第四节　牛病毒性腹泻-黏膜病

牛病毒性腹泻-黏膜病多呈亚临床经过、温和经过或隐性感染,有时症状明显并以死亡告终。其急性病例的特征是消化道黏膜发炎、糜烂和肠壁淋巴组织坏死,主要症状为发热、咳嗽、腹泻、消瘦和白细胞减少。

## 一、病原学

本病病原为牛病毒性腹泻-黏膜病病毒，是一种单股RNA有囊膜病毒，其大小为50～80纳米，呈圆形颗粒状。能在胎牛皮肤、肌肉细胞或胎牛肾细胞中生长繁殖，一般不引起细胞致病作用，有些毒株则有细胞致病作用。感染病毒后可获长期（13～22个月）而坚强的免疫力。本病毒与猪瘟病毒为同属病毒，它们之间有密切的抗原关系。

## 二、流行病学特点

本病毒可感染黄牛、水牛、牦牛等。不同年龄的牛对本病都有易感性，但幼龄牛的易感性较高，常易出现临床症状。自然感染的病例常见于冬、春季节。

人工接种病毒可使家兔、绵羊、仔猪、鹿和羚羊等动物感染。由于本病是一种能形成病毒血症的疾病，所以在急性期病畜的分泌物、排泄物、血液和脾组织中均含有病毒。从接种病毒后3周的牛血液（白细胞）中分离到病毒，经口或注射方式接种病毒均能感染成功。

本病的流行特点是：新疫区急性病例多，不论放牧或舍饲均可感染发病。发病率约为5%，死亡率90%～100%；老疫区急性病例较少，发病率和死亡率很低。

## 三、发病机制

一般认为病毒侵入牛的呼吸道和消化道黏膜上皮细胞进行复制，然后进入血液形成毒血症，再经血液和淋巴管进入淋巴组织。病毒血症一般结束于中和抗体的形成。也有人认为病毒感染抑制了机体的正常防御功能，从而在本病毒感染过程中血液循环中细菌不能受到遏制。现已确定，本病毒能通过胎盘屏障而使胎儿感染，因此妊娠牛感染本病后可导致其后代产生高滴度抗体并出现本病的特征性损害。

## 四、临床症状

自然感染的潜伏期为7～14天，人工感染的潜伏期为2～3天。在大多数情况下，本病在牛群中仅见少数轻型病例，多数受感染的牛表现为血清学检查有抗体而无临床表现的隐性感染。有时可严重暴发引起全群突然发病，普遍发生口腔和胃肠道病变，废食和腹泻是主要症状。根据其临床表现可以分为急性型和慢性型。

**(一)急性型** 最初的症状是流浆液黏性鼻液，咳嗽，呼吸急促，流涎，委顿，白细胞减少和发热(42℃)。在此阶段，本病和其他呼吸道传染病很难区分。当疾病进一步发展时，鼻镜干裂，表皮剥落。流泪过多，10％的病例有角膜浑浊。腹泻是最具特征性的病状，可持续3～4周或可间歇持续几个月之久。初时粪稀如水，呈瓦灰色，有恶臭，以后逐渐稠厚，混有大量黏液和无数小气泡，有时呈浅灰色糊状。急性病例常见于幼犊，犊牛死亡率高于年龄较大的牛。成年奶牛的病状轻重不等，可见泌乳减少或停止，妊娠牛可发生流产。肉用牛群的感染率为25％～35％。

**(二)慢性型** 有时发生跛行。跛行的牛系关节部皮肤发红肿胀，有的蹄冠部皮肤充血，蹄壳变长而弯曲，步态蹒跚，病变类似腐蹄病。在急性暴发的初期，蹄叶炎是一种常见的症状。在急性和慢性蹄叶炎时，病牛走路时显得痛苦，常拱背，不时卧地。被毛粗乱，食欲正常但仍消瘦，常呈间歇性腹泻。

## 五、病理变化

特征病变在消化道黏膜和淋巴结。口腔黏膜(唇,颊,舌,齿龈,软、硬腭)均有糜烂,咽部也有同样病变。食管黏膜的糜烂较为严重,大部分黏膜上皮脱落,小糜烂斑常排列成纵行。偶见瘤胃黏膜出血和肉柱糜烂,瓣胃的瓣叶也见糜烂。皱胃黏膜水肿,胃底皱襞有多发性圆形糜烂区,直径约 1 毫米或更大,边缘隆起,有时糜烂灶中有一红色出血小孔。显微镜下观察可见糜烂部黏膜缺损,其余部位黏膜完整,但胃腺呈萎缩或囊肿变化,固有层和黏膜下层水肿、淤血,有时出血。小肠黏膜呈急性卡他性炎,以空肠和回肠较为严重。淋巴集结出血、坏死,形成局灶性糜烂,有时其表面覆有红色黏液。盲肠、结肠和直肠多半受害,呈卡他性、出血性、溃疡性或坏死性炎。消化道所属淋巴结呈浆液性或浆液出血性炎。颈部和咽背淋巴结肿大,但镜下观察淋巴组织无严重破坏,可以和牛瘟相区别。有时鼻腔积有大量黏脓性渗出物,黏膜有小糜烂。此外,趾间也可见糜烂或溃疡。

## 六、诊　断

初步诊断可根据临床症状和病理变化,特别是口腔和食管的特征性病变具有示病意义。确诊本病必须分离病毒,急性发热期可从病畜的血液、尿液、鼻液或眼泪中分离病毒,剖检时可采取脾脏、骨髓或肠系膜淋巴结作为分离病毒的材料。从自然感染病例中分离的不论是有细胞致病作用或无细胞致病作用的毒株,均能在包括胎牛肾脏、脾脏、睾丸和气管细胞的组织培养中生长繁殖。此外,还可用血清中和试验等来进行诊断。前后间隔 2~4 周,分 2 次采取血样,检查血清中抗体如有明显增多,则可证明为本病。在本病暴发时实验室诊断的价值较小,因为需时较长,等得出结论时,牛群中的疾病往往已经停息,但进行确诊对防治本病的再次发生还是有意义的。

有些病的临床表现与本病相似,如牛传染性鼻气管炎、恶性卡他热、蓝舌病、水疱性口炎、传染性溃疡性口炎、牛瘟、口蹄疫、副结核病、冬痢以及某些肠道寄生虫病,在诊断时应注意鉴别。有时本病可与副流感 ε 型病毒传染同时并发,或与传染性鼻气管炎、钩端螺旋体病、球虫病等并发。

### 七、防治措施

**(一)预防** 加强口岸检疫,从国外引进的种牛和种羊,必须进行血清学检查;由于本病病原和猪瘟病毒同属,所以在防治本病时对猪的检疫不容忽视。一旦发生本病,对病牛要隔离治疗或急宰;目前可应用弱毒疫苗或灭活疫苗来预防和控制本病。

**(二)治疗** 对本病目前尚无特效治疗方法。应用收敛剂和补液疗法可以缩短恢复期,减少损失。用抗生素和磺胺类药物可以减少继发细菌性感染。

## 第五节 牛冠状病毒病

牛冠状病毒病是由牛冠状病毒引起的传染性疾病,包括成年牛冬痢和犊牛冠状病毒性腹泻,其临床特征是腹泻。本病分布广泛,我国已有本病发生。

### 一、病原学

牛冠状病毒属冠状病毒科、冠状病毒属。病毒颗粒呈多形态，直径70～120纳米，单链正股RNA，有囊膜，外周带有12～24纳米的突起，又称纤突。突起末端呈球状或花瓣状，规则地排列成皇冠状，故称冠状病毒。

本病毒对温度、脂溶剂敏感。对pH值要求高，低于6.7或大于7.7时极不稳定。对外环境抵抗力不强，一般消毒药都较容易将其杀灭。

病毒能在胎牛肾细胞培养物中复制，形成合胞体，也能在乳鼠脑中生长。

## 二、临床症状

**（一）成年牛**　发病率高（50%～100%），死亡率低（1%～2%），主要发生于成年奶牛，病程通常为1～4天，病牛大多能够康复，少数感染严重的死亡。临床症状为严重水样腹泻（有时伴有血和黏液），粪便呈黑褐色或墨绿色，恶臭。病牛产奶量降低，精神沉郁，倦怠，食欲不振，体重下降，鼻液分泌量多。

**（二）犊牛**　以犊牛严重出血性腹泻为特点，发病率和死亡率均高。潜伏期大约为20小时，伴有血样腹泻的犊牛在产生临床症状后几小时内，终因血容量过低而死亡。耐过的犊牛腹泻可持续2～6天。临床症状表现为精神倦怠，食欲减退，发热、脱水，有的粪便中带有血块。牛冠状病毒也可以引起轻微的呼吸道症状，2～6周龄犊牛常见亚临床症状，如打喷嚏（鼻炎）或咳嗽（气管炎）。因为牛冠状病毒可损坏呼吸道上皮，从而可导致细菌的感染。呼吸道感染犊牛的鼻黏液中可排出大量病毒，引起其他犊牛肠道或呼吸道感染。

## 三、病理变化

**(一)成年牛** 肉眼可见盘状结肠和盲肠空虚，含有少量液体，黏膜潮湿、光亮，有条纹状出血，呈斑马状。有时可见大、小肠有出血斑点。镜检可见盘状结肠隐窝上皮变性坏死。

**(二)犊牛** 镜检变化常见于小肠和结肠。小肠内绒毛萎缩、变稀，因此导致消化吸收功能减弱，分泌增加，产生严重腹泻。另外，液体和电解质的丧失导致脱水、酸中毒和低血糖。

## 四、诊 断

本病与轮状病毒感染、犊牛大肠杆菌感染症状相似，因此仅根据临床症状难以做出确切的病原学诊断。确诊需分离培养病毒，或用血清学方法诊断。

## 五、防治措施

对犊牛的预防重点是及时喂给初乳，因初乳中一般含有冠状病毒抗体，能够抵抗病毒感染或减轻感染后的病理损害。另外，要加强新生犊的护理，单独饲喂，保持牛舍的温暖、清洁与干燥。

对本病只能进行对症治疗。首先要纠正脱水和酸中毒，可使用葡萄糖生理盐水和5%碳酸氢钠溶液等。可着重使用口服补液盐，既能补充水分与电解质，又能对肠道产生一定的调节作用。为防止并发感染可使用抗生素等药物。

# 第五章　中毒因素引起的牛羊猝死症

## 第一节　氟乙酰胺中毒

### 一、病　因

氟乙酰胺属于有机氟化合物，有机氟化合物是高效、剧毒、内吸性杀虫与杀鼠剂，是生产中应用最为广泛的农药之一。氟乙酰胺（敌蚜螨）、氟乙酸钠（1080）、甘氟、N-甲基-N-萘基氟乙酸盐（氟蚜螨或果乃胺）、氟乙酰苯胺（1082 或灭蚜螨）和氟乙酰等，这些农药都可能引起牛、羊有机氟农药中毒，并引起牛、羊猝死。

### 二、流行病学特点

氟乙酰胺主要经过消化道或破损的皮肤和呼吸道进入牛、羊体内。牛、羊常因误食毒饵或被有机氟制剂污染的或处理的植物、饲料或饮水而引起中毒。

### 三、发病机制

氟乙酰胺进入牛、羊体内被吸收后，经血液运送至全身，在组织中先进行活化，形成具有毒性的氟乙酸。氟乙酸进入细胞后，因其与乙酸结构相似，在脂肪酰辅酶 A 合成酶的作用下，代替乙酸与辅酶 A 缩合成氟乙酰辅酶 A，后者又与乙酰辅酶 A 结构相似，在柠檬酸缩合酶的作用下，进一步与草酰乙酸形成氟柠檬酸。氟柠檬酸的结构又和柠檬酸相似，是柠檬酸的拮抗物，从而阻止柠檬酸代谢，使三羧酸循环中断，这样就会破坏组织细胞的呼吸和功能。这种作用发生于所有细胞中，但以心、脑组织受害最为严重。另外，氟柠檬酸对中枢神经可能还有一定的直接刺激毒性。

有机氟化合物对不同动物的易感顺序是：狗、猫、羊、牛、猪、兔、马，鸟类和灵长类易感性最低。氟乙酰胺的口服致死量为：绵羊 0.25～0.5 毫克/千克体重，牛 0.15～0.62 毫克/千克体重，山羊 0.3～0.7 毫克/千克体重。

## 四、临床症状

牛、羊主要表现心血管症状，有急性、亚急性和慢性 3 种。

**(一)急性型** 又称为突然发病型，无前驱症状，氟乙酰胺进入体内 8～9 小时后，病牛表现为突然倒地，剧烈抽搐，惊厥或角弓反张，迅速死亡。有的病例虽有暂时恢复，但很快出现心动过速，心律失常，卧地战抖，口吐白沫死亡。

**(二)亚急性型** 发病前一天食欲减少，阵发性不安，精神高度紧张，视力模糊，后肢蹒跚，体温正常或偏低，继而下降，排粪、排尿频繁且量少，出汗，肌肉震颤，心跳疾速(90～120 次/分)，心律失常，静脉血液黏稠、呈暗紫色，病程 2～3 天。

**(三)慢性型** 又称潜伏发病型，一般在摄入氟乙酰胺5～7 天后发病，初期表现为食欲不振，反刍废绝，离群或倚墙而立或卧地，肘肌震颤，有时轻微腹痛，个别病畜排恶臭稀便，心律加快(每分钟 60～120 次)，节律不齐，缩期杂音，心房纤颤。有的在静卧中死去，有的则可康复。有些病例在中毒后的第二天表现精神沉郁，食欲、反刍减少，经 3～5 天，因外界刺激或无明显外因而突然发作，惊恐，全身震颤，吼叫，狂奔，呼吸急促，头颈伸直或屈曲于胸部，持续 3～6 分钟后逐渐缓解，但又可重复发作，往往在抽搐中因呼吸抑制、循环衰竭而死亡。死前四肢痉挛，角弓反张，口吐白沫，瞳孔放大，呻吟。在整个病程中，体温正常或低于正常。

## 五、病理变化

常无特征性剖检变化，一般表现为尸僵迅速，心脏扩张，心肌变性，心内、外浆膜有出血。肝脏和肾脏淤血、肿胀。有些病例表现为出血性胃肠炎。前胃、皱胃和小肠黏膜易剥脱，有点状出血或弥漫性充血。肠腔中有多量淡红色水样内容物。有的死亡牛额窦内充满血液，脑膜亦明显充血。也有见硬脑膜与脑膜极度充血，有少许血凝块，脑室脉络丛充血。整个小肠黏膜潮红，充血和出血。

## 六、诊　断

根据接触氟乙酰胺农药的病史，结合病牛、羊神经兴奋、心律失常等主要临床症状，可做出初步诊断。确诊需测定血液中柠檬酸含量和可疑样品的毒物分析。

**(一)血液生化测定**　主要测定血液中氟、柠檬酸和血糖含量。氟乙酰胺中毒时血糖、氟和柠檬酸含量明显升高。

**(二)可疑样品的毒物分析**　取可疑饲料、饮水、呕吐物或胃内容物进行氟乙酰胺的定性、定量分析。

本病与有机磷、有机氯和士的宁中毒以及急性胃肠炎等症状相似，应进行鉴别诊断。

## 七、防治措施

**(一)预防措施**

第一,加强有机氟农药的生产、经销、管理和使用。

第二,喷洒过有机氟化合物的农作物,从施药到收获期必须经过 60 天以上残毒排除时间,方可做饲料用。禁止饲喂刚喷洒过农药的植物叶、瓜果以及被污染的饲草、饲料。

第三,有机氟化合物中毒死亡的动物尸体应该深埋,以防二次中毒。

第四,已发生或怀疑中毒的牛,应该暂时停止使役,并加强饲养管理,同时普遍内服绿豆汤解毒。

**(二)治疗** 对病畜应及时采取清除毒物、应用特效解毒药和对症治疗相结合的治疗方法。

**1. 清除毒物** 及时通过催吐、洗胃、缓泻以减少毒物的吸收。牛可用 0.05%～0.1%高锰酸钾溶液洗胃,羊只用硫酸钠、液状石蜡下泻治疗。

**2. 应用特效解毒药**

(1)解氟灵(50%乙酰胺) 剂量为每日 0.1 克/千克体重,肌内注射。首次用药量为每日量的 1/2,每日 3～4 次,连用3～4 天,直至症状完全消失为止,再次出现抽搐可重复给药。

(2)乙二醇乙酸酯(醋精) 100 毫升溶于 500 毫升水中口服,也可按 0.125 毫升/千克体重肌内注射。

(3)95%酒精 100～200 毫升,加适量常水,每日 1 次口服,或用 5%酒精和 5%醋酸,按 2 毫升/千克体重口服。

**3. 对症治疗**

(1)解除肌肉痉挛 用葡萄糖酸钙或柠檬酸钙注射液静脉注射。

(2)**镇静** 可口服巴比妥和水合氯醛。

(3)**兴奋呼吸** 可用山梗菜碱(洛贝林)、尼可刹米、可拉明解除呼吸抑制。

(4)**利尿消肿** 用20%甘露醇、5%山梨醇注射液或50%葡萄糖注射液静脉注射,以控制脑水肿。

(5)**纠正酸中毒** 静脉注射5%碳酸氢钠或11.2%乳酸钠溶液。

(6)**使用辅助解毒剂** 应用三磷酸腺苷、辅酶A、细胞色素A和维生素B。

(7)**灌服中药** 甘草90克,滑石150克,黄芪、路党参各70克,熟地黄60克,当归50克,白芍40克,木香30克,大黄80克,芒硝500克,茯苓120克,煎煮灌服3次。此为成年牛用量。

## 第二节 磷化锌中毒

鼠类一直被称为人类的天敌,目前应用的灭鼠药种类较多,但大致可分为6类:一是抗凝血灭鼠药,如敌鼠、灭鼠灵等;二是无机磷灭鼠药,如磷化锌等;三是有机氟灭鼠药,如氟乙酰胺、甘氟等;四是有机磷灭鼠药,如毒鼠磷等;五是氰熔体(即氰熔化合物)灭鼠药;六是其他灭鼠药,如安妥、氯化苦、溴甲烷等。

灭鼠药多为剧毒和高毒级别化学药品,一般对人和动物的毒性都很大。因此,动物灭鼠药中毒为常见多发性中毒疾病。发病原因主要是由于毒饵放置不当,或动物食入被毒死的动物尸体而二次中毒。特别是在放牧区进行大面积撒放毒饵灭鼠时,如果选用药品不当,更易导致畜群中毒,并可引起野生动物和鸟类的中毒死亡。

## 一、病　因

动物主要因误食毒饵或污染磷化锌的饲料而中毒，偶尔见于人为破坏性投毒引起动物中毒。磷化锌纯品为黑色和灰黑色粉末，不溶于水和酒精，微溶于碱和油，易溶于酸。在干燥情况下比较稳定，露置于空气或加入食物中，即缓慢分解，散发出类似于蒜臭味的磷化氢气体，通常按 2.5％～5％的比例与食物配制成毒饵使用。由于牛、羊误食磷化锌而发生的中毒，称为牛、羊磷化锌中毒，可导致牛、羊猝死。

## 二、发病机制

磷化锌进入胃内，在胃液盐酸作用下，迅速分解产生剧毒气体——氯化锌和磷化氢。磷化氢吸收后分布于肝脏、心脏、肾脏和骨骼肌等组织器官，抑制组织的细胞色素氧化酶，影响细胞内代谢过程，造成窒息，使组织细胞发生变性、坏死。肝脏和血管亦受到损害，导致全身广泛性出血。中枢神经系统受损，出现痉挛、昏迷等症状。磷化锌在胃内分解后与氯形成氯化锌，亦具有强烈的腐蚀性，能刺激胃黏膜，引起充血、出血和溃疡。

磷化锌属剧毒级毒物，对鼠类的急性半数致死量为 45.7 毫克/千克体重，家畜口服致死量为 20～40 毫克/千克体重，家禽为 20～30 毫克/千克体重。磷化锌的毒性常因动物品种和胃内容物的 pH 值而有差异。磷化锌的残效期较长，据观察，含 10％磷化锌的玉米保存于室内，历时 224 天，仅分解 50％；在室外减毒较快，在日晒处历时 112 天，减毒约 80％。将含 20％磷化锌的玉米放置在草原上 15 天，半粒仍足以毒死 1 只黄鼠。

## 三、临床症状

一般在摄入毒饵后 15 分钟至数小时出现症状，病畜表现食欲废绝，呕吐，腹痛，还可出现瘤胃臌气。呕吐物有蒜臭味，在暗处发出磷光。有的病畜发生腹泻，粪便混有血液，也具有磷光。呼吸困难，心率缓慢，节律不齐。黏膜黄染，尿色发黄，尿液中出现蛋白质、红细胞和管型。疾病后期表现感觉过敏，甚至痉挛发作，呼吸极度困难，张口伸舌，昏迷而死。

牛还有兴奋，痉挛，呼吸困难，卧地不起，有时流泪，口流白色泡沫，瘤胃臌气等表现，最后窒息而死。动物大量摄入磷化锌，往往无症状而突然死亡。

## 四、病理变化

消化道黏膜充血、出血，有些内容物可呈红糊状；肝脏肿大、变性、质地变脆；肺脏水肿，气管内充满泡沫状液体；肾脏变性肿大，呈红黄色，质脆；心内膜、心外膜和乳头肌有明显的出血斑点。

## 五、诊　断

具有与磷化锌接触史，结合流涎、呕吐、腹痛、腹泻等症状，呕吐物带大蒜臭味，在暗处呈现磷光，肺脏充血、水肿等剖检变化可做出初步诊断。呕吐物、胃内容物或残剩饲料中检出磷化锌，即可确诊。磷化锌中毒的病畜血液、肝脏和肾脏锌水平升高。

## 六、防治措施

**(一)预防**　加强磷化锌的保管和使用，包装磷化锌毒饵的麻袋禁止用来装运饲料或饲草。人、畜较多处，最好夜间投放毒饵,白天除去。投放毒饵后应及时清理未被采食的残剩毒饵和中毒死亡的鼠尸。大面积灭鼠时,可将催吐剂配入毒饵中使用或改用残效期短,对人、畜毒性小的灭鼠药。

**(二)治疗** 目前尚无特效解毒药。病畜应立即灌服1%硫酸铜溶液,一方面起催吐作用,另一方面硫酸铜与磷化锌生成不溶性磷化铜沉淀,从而阻止吸收而降低毒性。也可投服0.1%～0.5%高锰酸钾溶液,使磷化锌被氧化为磷酸酐而失去毒性。同时,静脉注射50%葡萄糖注射液和氯化钙注射液,口服硫酸钠导泻(禁用硫酸镁和油类泻剂),并采用强心、利尿、补液等支持疗法。如果发现中毒较早,也可用碳酸氢钠(牛用5%溶液2～4升)中和胃酸,以延阻磷化锌转化为磷化氢。10%硫代硫酸钠溶液、抗脂肪肝药和葡萄糖等可用于肝脏损害的治疗。

## 第三节 有机磷农药中毒

有机磷农药中毒是由于有机磷化合物进入动物体内,抑制胆碱酯酶的活性,导致乙酰胆碱大量积聚,引起以流涎、腹泻和肌肉痉挛等为特征的中毒性疾病。

有机磷制剂是20世纪30年代作为一种化学武器开始生产,第二次世界大战后经改良应用于农业,随着有机氯杀虫剂的禁止生产和使用,有机磷已成为目前使用最为普遍的一类杀虫剂。

目前,我国生产使用的有机磷农药已有数十种之多,由于化学结构中取代基的不同,各种有机磷农药的毒性相差很大。根据大白鼠经口的急性半数致死量可分为以下4类。

一是剧毒类($LD_{50}$ <10毫克/千克体重),如甲拌磷

(3911)、对硫磷(1605、一扫光)、丙氟磷(DFP)、毒鼠磷、苏化203(治螟磷)、特普、内吸磷(1059)等。

二是高毒类($LD_{50}$ 10～100 毫克/千克体重),如甲基对硫磷、甲胺磷(多灭磷)、氧化乐果、敌敌畏、磷胺(大灭虫)、速灭磷(磷君)、马拉氧磷、水胺硫磷(羟氨磷)、稻瘟净、保棉丰(亚砜)、谷硫磷(保棉磷)、杀扑磷、乙硫磷(1240)等。

三是中毒类($LD_{50}$ 100～1 000 毫克/千克体重),如乐果、敌百虫、久效磷、乙酰甲胺磷(高灭磷)、除草磷、除线磷、二嗪农(地亚农)、倍硫磷、杀螟松、稻丰散(甲基乙酯磷)等。

四是低毒类($LD_{50}$ 1 000～5 000 毫克/千克体重),如马拉硫磷(4049)、锌硫磷、氯硫磷、四硫特普、独效磷、矮形磷等。

## 一、病　因

有机磷化合物主要用于农作物杀虫剂、环卫灭蝇和动物驱虫,在保管不当、应用不慎或造成环境、饲料以及水源污染时,易引起动物中毒。常见的原因包括以下几方面。

**(一)家畜饲养管理粗放**　采食、误食或偷食喷洒过农药不久的农作物、牧草、蔬菜类,或拌、浸有农药的种子。

**(二)管理与使用不当**　如在运输过程和保管中,有破损包装漏出农药污染地面、饲料和饮水,在同一库房贮存农药和饲料,或在饲料库中配制农药或拌种,造成农药污染饲料等。

**(三)饮水或饮水器具被有机磷农药污染**　如在水源上游处或在池塘、水槽、涝池等饮水处配制农药,洗涤有机磷农药盛装器具和工作服等,农药厂排放废水可使局部地表水受到较严重的污染。

**(四)空气污染**　农业、林业及环境卫生防疫工作中喷雾或农药厂生产的有机磷杀虫剂废气污染空气,畜禽吸入挥发的气体或雾滴可导致中毒。

**(五)防治家畜疾病所致中毒** 如滥用或过量应用敌百虫、乐果治疗皮肤病和内、外寄生虫病而引起的中毒。

**(六)人为蓄意投毒** 由于种种原因,不法分子故意投毒,造成动物中毒。

## 二、毒物的吸收与代谢

有机磷农药主要经消化道、呼吸道、皮肤和黏膜吸收,吸收后由血液和淋巴系统迅速分布到全身各器官和组织,其中以肝脏浓度最高,其次为肾脏、肺脏、脾脏等,肌肉中含量较低。有的有机磷农药还能透过血脑屏障和胎盘屏障。

有机磷农药主要在肝脏内通过氧化和水解进行生物转化,氧化产物可以使其毒性增加,如马拉硫磷和乐果氧化后形成马拉氧磷和氧化乐果;对硫磷通过肝细胞微粒体的氧化酶系统氧化为对氧磷,后者对胆碱酯酶的抑制作用要比前者强300倍。而分解结果则使毒性减弱,机体内的磷酸酯酶能水解某些有机磷农药,如对硫磷和乐果在酰胺酶的作用下水解为低毒和无毒的产物。有机磷杀虫剂在体内排泄较快,吸收后6～12小时血中浓度达到高峰,一般在24小时内通过肾脏由尿液排泄,少量随粪便排出,48小时后完全排出体外,有些在7天内组织中残留消失,个别最长残留时间不超过6～8周,故一般无蓄积作用。有机磷农药的排泄途径主要是肾脏。

## 三、发病机制

有机磷化合物属神经毒,进入体内后,与胆碱酯酶结合,形成比较稳定的磷酰化胆碱酯酶,从而抑制胆碱酯酶的活性,引起乙酰胆碱蓄积,使胆碱能神经传导紊乱,导致先兴奋,后衰竭的一系列综合征。

乙酰胆碱为中枢神经细胞突触间和胆碱能神经（包括交感神经和副交感神经节前纤维、副交感神经节后纤维、部分交感神经节后纤维以及运动神经）的化学传导物质。在正常生理条件下，其在神经冲动时释放出来并在完成传导功能后，受胆碱酯酶作用被分解而不至于积累。胆碱酯酶在水解乙酰胆碱的过程中，先形成乙酰化胆碱酯酶和无活性的胆碱，然后乙酰胆碱酯酶与水起反应，分离出乙酸而恢复胆碱酯酶的活性，使其再继续履行其水解乙酰胆碱的正常生理功能。当体内大多数胆碱酯酶转变为磷酰化胆碱酯酶后，乙酰胆碱就大量积聚，从而引起下列作用。

**（一）毒蕈碱样作用** 是乙酰胆碱作用于胆碱能神经节后纤维所支配的器官组织（M受体分布的内脏组织）时的内脏效应，其作用与毒蕈碱相似，表现为心血管抑制、平滑肌兴奋、腺体分泌增加、瞳孔缩小等，故将这些症状称为毒蕈碱样症状。

**（二）烟碱样作用** 是乙酰胆碱作用于植物神经节、肾上腺髓质、骨骼肌（N受体分布之处）时所表现的骨骼效应，其作用与烟碱相似，即小剂量时对这些器官组织起兴奋作用，发生肌肉震颤甚至痉挛，大剂量时则发生抑制作用，如中毒晚期的肌麻痹和呼吸窒息等，故将这些症状称为烟碱样症状。

**（三）对中枢神经的作用** 乙酰胆碱在脑内大量积聚，使中枢神经细胞之间的兴奋传递发生障碍，造成中枢神经系统的功能紊乱，中毒牛、羊表现先兴奋不安，体温升高；后抑制、昏睡、惊厥或昏迷等神经症状。

低浓度有机磷农药也能与胆碱酯酶结合，但易被体内的磷酸酯酶、酰胺酶和羧基酸酶等分解，少量磷酰化胆碱酯酶形成以后，由于其中部分仍然能够缓慢地水解，逐渐恢复其酶活性，又可发挥其水解乙酰胆碱的功能，使乙酰胆碱不至于大量积聚，故中毒的症状也不明显。有些有机磷化合物如三甲苯磷（TOCP，即 0,0,0-三邻甲苯磷酸酯）可抑制羧酸酯酶，这可能是迟发性神经毒作用（先出现轴突变性，后引起外周神经脱髓鞘）产生的原因。此外，如马拉硫磷和乐果是在羧酸酯酶作用下水解的，如果这些化合物在组织中浓度过高，可使羧酸酯酶的活性消耗殆尽，最终亦导致迟发性神经毒作用。当牛、羊长时间与上述有机磷接触时，则可能发生慢性中毒。

另外，有机磷化合物除对中枢神经系统、神经节和效应器官可能有直接刺激作用，还具有抑制三磷酸腺苷酶、胰蛋白酶、胰凝乳蛋白酶活性的作用，因此常使病情复杂化和严重化，并使病程相应延长。有些有机磷制剂，如内吸磷等对实验动物有轻度致畸作用，国外还发现有些制剂有致癌作用。

## 四、临床症状

有机磷农药的安全范围很窄，急性中毒发生于口服或吸入农药 10 分钟至 2 小时内，且病情发展迅速。经体表吸收者则需较长时间的潜伏期，病情较轻且缓慢。中毒症状因有机磷制剂的种类、毒性、摄入量以及动物品种、年龄等不同而有一定差异。临床根据病情程度可分为以下 3 种。

**（一）轻度中毒**　病畜精神沉郁或不安，食欲减退或废绝，牛、羊等反刍动物反刍停止，流涎，微出汗，肠音亢进，粪便稀薄，全血胆碱酯酶活力为正常的 70%左右。

**（二）中度中毒**　除上述症状更为严重外，病畜表现瞳孔明显缩小，腹痛，腹泻，骨骼肌纤维震颤，严重时全身抽搐、痉挛，继而发展为肢体麻痹，最后因呼吸肌麻痹而窒息死亡。

**（三）重度中毒** 主要以中枢神经症状为主，表现体温升高，全身震颤、抽搐，大小便失禁，继而突然倒地、四肢做游泳状划动，随后瞳孔缩小，心动过速，很快死亡。

牛中毒后主要以毒蕈碱样症状为主，表现不安，流涎，鼻液增多，反刍停止，粪便往往带血并逐渐变稀，甚至出现水泻。肌肉痉挛，眼球震颤，结膜发绀，瞳孔缩小，不时磨牙，呻吟。呼吸困难或促迫，听诊肺部有广泛性湿啰音。心跳加快，脉搏增数，肢端发凉，体表出冷汗，最后因呼吸肌麻痹而窒息死亡。妊娠牛流产。血液检查时，红细胞数在生理值的低限，并出现红细胞大小不均和异型红细胞症，嗜酸性白细胞明显减少，大淋巴细胞减少并含有嗜碱性颗粒。

羊在病初表现神经兴奋，病羊奔腾跳跃，狂暴不安，其余症状与病牛基本一致。

## 五、病理变化

最急性中毒在10小时内死亡者，尸体剖检一般无肉眼和组织学病变。经消化道中毒者，可嗅到胃、肠内容物有大蒜臭味，同时消化道黏膜充血。中毒后较长时间死亡的病例，胃、肠黏膜大片充血、肿胀或出血，有的糜烂和溃疡，黏膜极易剥脱。组织学变化为黏膜上皮变性、坏死和脱落，固有层和黏膜下层充血、出血、水肿，有较多的嗜中性粒细胞浸润。肝脏肿大、淤血，肝细胞颗粒变性和脂肪变性，胆囊充盈。心脏有小出血点，心内膜可见有形状不规整的白斑。肾脏肿大，切面呈紫红色，层次不清晰，肾小管上皮细胞变性。肺脏充血、水肿，气管、支气管内充满泡沫状黏液，有卡他性炎症，细支气管壁平滑肌层增厚，管腔狭窄，黏膜呈许多皱裂突向管腔。全身浆膜均出现广泛性出血点和出血斑。脑和脑膜充血、水肿，神经细胞变性，比正常细胞肿大 20 倍左右，常有嗜神经细胞现象和卫星化。另外，三邻甲酸磷酸酯、丙氟酸和丙胺氟酸等有机磷农药中毒还可引起外周神经脱髓鞘，超微结构发现神经细胞线粒体肿胀，轴浆有空泡形成，髓鞘质板分离。

## 六、诊　断

有机磷农药中毒的诊断必须根据病史、临床症状、病理变化和实验室检验进行综合分析，诊断要点包括以下几点。

一是病畜在 48 小时内有接触有机磷农药的病史。

二是病畜表现以胆碱能神经持续兴奋为主的临床症状，如肌纤维震颤、痉挛，瞳孔缩小，流涎，腹痛，腹泻，肠音增强，呼吸困难，肺脏水肿等。

三是病畜呼出气体、呼吸道分泌物和胃内容物有大蒜臭味。

四是测定全血和脑组织胆碱酯酶活性可提供重要的辅助诊断指标。全血胆碱酯酶活性为正常的 50%～70%为轻度中毒，30%～50%为中度中毒，低于 30%为重度中毒。

五是对可疑饲料、饮水、胃内容物、呕吐物、尿液、被污染皮肤洗提液等进行有机磷的定性和定量检验，可为确诊本病提供依据。

六是通过阿托品和解磷定进行治疗试验，可验证诊断。静脉注射一般治疗量的硫酸阿托品，10 分钟后观察，如病畜发生口干、瞳孔散大、心率加快等“阿托品化”现象时，即可否定有机磷中毒。反之，如出现心跳由快变缓，其他毒蕈碱样症状亦有所减轻时，则可确认为有机磷中毒。静脉注射治疗量的解磷定后，病情出现明显好转，症状减轻时，可确定为有机磷中毒。

## 七、防治措施

### (一)预防措施

第一,认真执行《剧毒农药安全使用规程》,妥善保管和使用有机磷农药。

第二,喷洒过有机磷农药的田地,7 日内禁止家畜进入。喷洒过有机磷农药的青草,1 个月内禁止家畜采食。

第三,严格按《兽医药典》规定应用有机磷杀虫剂治疗有关疾病,不得滥用或过量使用。动物经口服用有机磷杀虫剂之前,要先供给充足的清洁饮水。

第四,加强农药厂废水的处理和综合利用,对环境进行定期检测,以便有效地控制有机磷化合物。

### (二)治疗措施

**1. 清除毒物和防止毒物继续吸收**

(1)清洗皮肤和被毛　如果是经皮肤用药或受农药污染体表时,可用微温水或凉水、淡中性肥皂水清洗局部或全身皮肤,但不能刷拭皮肤。

(2)洗胃和催吐　如果经口接触,时间小于 2 小时,可用催吐疗法,但如果动物呈抑制状态,禁用催吐疗法。硫特普、八甲磷、二嗪农、敌百虫中毒用 1%醋酸或食醋等酸性溶液洗胃,其他有机磷除对硫磷禁用高锰酸钾外,均可用 2%碳酸氢钠溶液、0.2%～0.5%高锰酸钾溶液、生理盐水或 1%过氧化氢溶液洗胃。

(3)缓泻与吸附　可灌服硫酸镁、硫酸钠或人工盐等盐类泻剂轻泻胃、肠内容物,用量以牛 150～250 克、羊 30～50 克为宜。灌服活性炭(3～6 毫克/千克体重)可吸附有机磷,并促进其从粪便中排出,由于动物从瘤胃内容物中可持续吸收有机磷，因此活性炭对反刍动物效果甚佳。注意禁用油类泻剂，因其可加速有机磷溶解而被肠道吸收。

**2. 特效解毒** 有机磷中毒的特效解毒剂包括生理拮抗剂和胆碱酯酶复活剂两类，二者合用则疗效更佳。

(1)生理拮抗剂 抗胆碱药阿托品可与乙酰胆碱竞争胆碱能神经节后纤维所支配的器官组织受体，阻断乙酰胆碱和M型受体相结合，故可拮抗乙酰胆碱的毒蕈碱样作用，从而解除支气管平滑肌痉挛，抑制支气管腺体分泌，保证呼吸道畅通，防止肺脏水肿发生。其次，对中枢神经系统症状也有治疗效果。但对烟碱样症状和恢复胆碱酯酶活力没有作用。

由于胆碱酯酶抑制剂引起中毒的病畜对阿托品的耐受性增高，因而阿托品作为解毒剂应用时要比常用剂量高，其用量控制在出现轻度“阿托品化”表现为止。硫酸阿托品的常用解毒剂量为：牛首次 0.15～0.5 毫克/千克体重，羊 1 次总量5～10 毫克，首次静脉注射，经 0.5 小时后不出现瞳孔散大、口干、皮肤干燥、心率加快、肺湿性啰音消失等“阿托品化”症状时，应重复用药，给药途径可改为皮下或肌内注射，直至出现明显的“阿托品化”表现后，则减少用药次数和剂量，以巩固疗效。当症状不再反复，经观察 10 小时左右病情仍无恶化者，方可考虑停药。在治疗过程中，如出现瞳孔散大、神志模糊、烦躁不安、抽搐、昏迷和尿潴留等，提示阿托品中毒，应立即停药。

(2)胆碱酯酶复活剂 肟类化合物能使被抑制的胆碱酯酶复活，其原理是肟类化合物吡啶环中的季铵氮带正电荷，能被磷酸化胆碱酯酶的阴离子部位所吸引，而其肟基与磷原子有较强的亲和力，因而可与磷酰化胆碱酯酶中的磷形成结合物，使其与胆碱酯酶的酯解部位分离，从而恢复了乙酰胆碱酯酶的活力。兽医临床上常用的肟类化合物制剂有解磷定、氯磷定、双复磷和双解磷等。胆碱酯酶复活剂对解除烟碱样症状较为明显，但对各种有机磷农药中毒的疗效并不完全相同。解磷定和氯磷定对内吸磷、对硫磷、甲胺磷、甲拌磷等中毒的疗效好，对敌百虫、敌敌畏等中毒疗效较差，对乐果和马拉硫磷中毒疗效可疑。双复磷对敌敌畏和敌百虫中毒效果较解磷定好。胆碱酯酶复活剂对已老化的胆碱酯酶无复活作用，因此对慢性胆碱酯酶抑制的疗效不理想。对胆碱酯酶疗效不好的病畜，应以阿托品治疗为主或二者合用。

解磷定为吡啶-2-甲醛肟碘甲烷，又称碘解磷定、辟磷定、派姆(2-PAM)等。微溶于水，只能做静脉注射，剂量为20～40毫克/千克体重，加入到10%葡萄糖注射液中，或用生理盐水配成5%溶液，缓慢注射，若同时配以适当减量的阿托品则疗效更佳。因解磷定在体内分解与排泄较快，故必须每隔2小时注射1次，才能巩固疗效，待症状缓解后可减少用量或停药。

氯磷定为吡啶-2-甲醛肟基氯甲烷，又称氯化派姆(PAM-Cl)，其水溶性比解磷定高，作用亦较快，可做静脉或肌内注射，用量同解磷定。氯磷定对乐果无效，如内吸磷、对硫磷、敌百虫、敌敌畏中毒达48～72小时后亦无效。氯磷定和解磷定在碱性溶液中易水解为剧毒的氧化物，故二者忌与碱性药物配伍应用。

双解磷(TMB-4)对胆碱酯酶的复活作用较解磷定强3.5～6倍，水溶性更高，可配成5%溶液肌内注射或用葡萄糖生理盐水溶解后静脉注射，剂量为解磷定的一半。

以上3种药物均不能透过血脑屏障，欲缓解神经症状则需与阿托品合用。

双复磷（$TMO_4$）的作用比双解磷强 1 倍，能通过血脑屏障，对缓解毒蕈碱样、烟碱样和中枢神经症状都较好，水溶性亦高，可肌内或静脉注射，副作用小，剂量同双解磷。

**3.** 对症治疗　有机磷农药中毒的主要死亡原因是肺脏水肿、呼吸肌麻痹、呼吸中枢衰竭、休克、脑水肿和心脏损伤，在应用特效解毒剂的同时，配合以对症和辅助治疗，有利于病情的稳定和疾病的恢复。常用的对症治疗措施如下。

(1)*输液疗法*　常用 50% 葡萄糖注射液加维生素 C 静脉注射，可加强肝脏解毒功能和改善肺脏水肿状况。中毒初期或严重腹泻脱水时，用大量葡萄糖生理盐水缓慢静脉注射，既可稀释毒物使其有利于排出，又可保持水盐代谢平衡，但已发生肺脏水肿时则须慎用。

(2)*镇静解痉*　当病畜狂暴不安、痉挛抽搐时，应用苯巴比妥类镇静解痉药物，但禁用吗啡等安定药，因前者可造成呼吸麻痹，而后者会加重胆碱酯酶的抑制。

(3)*强心和兴奋呼吸*　为了维护心脏功能和防治呼吸困难，可应用 10% 安钠咖注射液、25% 尼可刹米、樟脑磺酸钠或山梗菜碱，但禁用洋地黄和肾上腺素。

(4)*防治肺脏水肿*　若出现肺脏水肿症状，可应用地塞米松等肾上腺皮质激素治疗，亦可用 50% 葡萄糖注射液、山梨醇或甘露醇等。

(5)*其他治疗*　为防止继发肺炎，可配合抗生素治疗，有条件的可换注血液和应用输氧疗法。

## 第四节　硒中毒

硒中毒是动物采食大量含硒牧草、饲料或补硒过多而引起动物出现精神沉郁、呼吸困难、步态蹒跚、脱毛、脱蹄壳等综合症状的一种疾病。急性中毒(俗称"瞎撞病")以出现神经系统症状为特征;慢性中毒(又名碱病)则以消瘦、跛行、脱毛为特征。本病在牛、羊上较常发生,常引起猝死。

## 一、病　因

土壤含硒量高,导致生长的粮食或牧草含硒量高,动物采食后引起中毒。一般认为土壤含硒 1～6 毫克/千克、饲料含硒达 3～4 毫克/千克即可引起中毒。一些专性聚硒植物(或称为硒指示植物),如豆科黄芪属某些植物的含硒量可高达 1 000～1 500 毫克/千克,是牛、羊硒中毒的主要原因。此外,有些植物如玉米、小麦、大麦、青草等,在富硒土壤中生长亦可引起动物硒中毒;人为因素造成硒中毒多因硒制剂用量不当,如治疗白肌病时亚硒酸钠用量过大,或动物饲料添加剂中含硒量过多或混合不均匀等都能引起。此外,由于工业污染而用含硒废水灌溉,也可使作物、牧草被动蓄硒而导致硒中毒。

## 二、发病机制

硒易从肠道吸收,尤其是小肠。吸收后分布于全身,主要分布于肝脏、肾脏和脾脏,慢性中毒时可大量分布于毛与蹄内。硒可通过胎盘屏障造成胎儿畸形。此外,硒还可通过损伤的皮肤和呼吸道吸收。在硒类物质中有机硒毒性最大,而硒单质相对无毒。

硒进入机体后与硫竞争,取代正常代谢中的硫,形成 SeH 基,从而抑制了许多含硫氨基酸酶,使机体氧化过程失调。硒酸盐进入体内后,可转化为亚硒酸盐,并能与胱氨酸、辅酶 A 等作用,形成硫硒化合物,使胱氨酸酶失活。硒还可与游离的氨基酸以及含巯基蛋白结合，从而影响蛋白质合成。此外，硒还可影响维生素 C 和维生素 K 的代谢，造成血管内皮损伤。

## 三、临床症状

急性中毒时，羊表现为不安，随后精神沉郁，无力，头低耳耷，卧地时回头观腹，呼吸困难，运动障碍，可视黏膜发绀，心跳快而弱，往往因虚脱、窒息而死。中毒羊死前高声鸣叫，鼻孔流出白色泡沫状液体。牛急性中毒与羊相似，但以神经症状为主。

慢性中毒时，动物表现为消化不良，逐渐消瘦，贫血，反应迟钝，缺乏活力。牛尾毛脱落，被毛粗乱，关节僵硬，蹄过度生长并变形。此外，慢性硒中毒还可影响胎胚发育，造成胎儿畸形和新生仔畜死亡率升高。

## 四、病理变化

急性中毒动物表现为全身出血，肺脏充血、水肿，腹水增多，肝脏、肾脏变性。急性硒中毒羊气管内充满大量白色泡沫状液体。

亚急性和慢性中毒时，组织器官病变程度依次为肝脏>肾脏>心脏>脾脏>肺脏>淋巴结>胰脏>大脑，其中肝脏萎缩、坏死或硬化，脾脏肿大并有局灶性出血，脑水肿、软化等。

病理组织学检查表现为组织细胞的变性、坏死，细胞核变形，毛细血管扩张、充血、出血。肺泡毛细血管扩张、充血，细支气管扩张，充满大量红色均染物质。心肌变性。肝脏中央静脉与肝窦隙扩张，甚至破裂、出血，并出现局灶性坏死。肾脏常见肾小球毛细血管扩张、充血，部分胞核增生、深染，肾小管坏死。

### 五、诊　断

本病可根据放牧情况（如在富硒地区放牧或采食富硒植物）以及有硒剂治疗史，再结合临床症状、病理变化以及血液中红细胞（RBC）和血红蛋白（Hb）下降等，可做出初步诊断。

此外，血硒含量高于 0.2 微克/克可作为山羊硒中毒早期诊断指标。

### 六、防治措施

**（一）预防**　高硒牧场中，土壤加入氯化钡并多施酸性肥料，以减少植物对硒的吸收；在富硒地区，增加动物日粮中蛋白质、硫酸盐、砷酸盐等的含量，以促进动物对硒的排出；在缺硒地区，临床预防白肌病或饲料添加硒制剂要严格掌握用量，必要时，可选小范围试验再大范围使用。

**（二）治疗**　急性硒中毒尚无特效疗法；慢性硒中毒可用砷制剂内服治疗。亚砷酸钠 5 毫克/千克加入饮水服用，或对氨基苯胂酸按 10 毫克/千克混饲，可以减少硒的吸收。此外，用 10％～20％的硫代硫酸钠以 0.5 毫升/千克体重静脉注射，有助于减轻刺激症状。

## 第五节　夹竹桃中毒

夹竹桃常被种植在房前屋后、道路两旁作为观赏植物，牛、羊误食其树皮、树叶后，可引起急性胃肠炎、心律失常和心力衰竭，严重时引起猝死。

## 一、病因与流行病学特点

种植夹竹桃的地方，就有可能发生夹竹桃中毒。在一般情况下，家畜能识别夹竹桃而不采食。但当家畜在夹竹桃种植地放牧时，凋落的夹竹桃叶片混入牧草，被家畜误食；或在贮存牧草时，夹竹桃干叶片混于其中，即可引起中毒。

本病无明显的季节性，各季节脱落的青嫩叶片或干枯叶片，都可致各种动物发病。南方以鹅和牛中毒较多，北方以牛、羊等多发。

## 二、发病机制

夹竹桃的叶、树皮、根和种子均含有强心苷，能高度抑制心肌细胞膜上的三磷酸腺苷酶活性，使钠离子和钾离子外流和内流，导致心肌细胞缺钾，引起心律失常；强心苷还可以使心肌细胞质中的结合钙离子释放出来，导致心肌收缩加强。高强度的持续兴奋，最终导致心力衰竭。夹竹桃还能强烈刺激胃肠道黏膜，引起消化道炎症。

牛误食夹竹桃叶15～20克(10～20片)，羊误食3～5克(2～4片)即可引起中毒。

## 三、临床症状

牛、羊在误食夹竹桃后2～3天出现症状，中毒牛、羊突然表现食欲减退或废绝，流涎，腹痛不安，反刍停止，瘤胃蠕动减弱。初期粪便带血液和黏液，有腥臭味；后期排出血液和黏液，呈胶冻样，严重时为暗红色水样液体。病畜精神不振，体温正常或偏低，呼吸困难。心脏活动明显异常，初期心搏徐缓，1～2天后出现心律失常，有些病例则发生阵发性心动过速或心悸。病后期,心跳加速,节律严重不齐,后因心室纤维颤动或心搏停顿突然倒地死亡。

## 四、病理变化

以心脏和各器官广泛的出血点为特征。心外膜与心内膜斑状出血,左心室更为明显,严重时有血肿,心肌断裂和坏死。胃肠黏膜出血,并有出血斑点,以直肠最为严重,小肠中有胶冻样物质和少量血凝块,大肠黏膜弥漫性出血。肝脏淤血,胆囊肿大,肺脏有出血点。

## 五、诊　断

根据饲料中有夹竹桃叶的病史,结合急性出血和心律失常,可以做出初步诊断。在胃中发现夹竹桃叶或实验室检查夹竹桃苷阳性,即可确诊。

## 六、防治措施

**(一)预防措施**　不在生长夹竹桃的地方放牧;注意不将夹竹桃的叶片混入饲草、饲料。

**(二)治疗措施**　尚无特效解毒药。中毒早期可以灌服0.1%高锰酸钾溶液,牛 2 000～5 000 毫升,羊 300～1 000 毫升;用磺胺类药物防治胃肠道炎症。用安络血、维生素 $K_3$ 防治胃肠道和其他器官出血;10%氯化钾缓慢静脉注射,牛首次40 毫升,第二次、第三次各 30 毫升,加入到 10%葡萄糖注射液 1 000～2 000 毫升中,分 3 次静脉注射。

## 第六节　硝酸盐与亚硝酸盐中毒

硝酸盐中毒是一次食入大量硝酸盐制剂引起的胃肠道炎症性疾病；亚硝酸盐是硝酸盐在动物体内或体外转化形成亚硝酸盐，进入血液后使血红蛋白失去携氧能力，引起以黏膜发绀、呼吸困难为临床特征的一种中毒性疾病。本病在国外有引起牛、羊猝死的报道。

### 一、病　因

**(一)摄入的硝酸盐超过其还原能力**　在正常情况下，牛、羊的瘤胃可将硝酸盐彻底还原为氨，使中间还原产物亚硝酸盐不致蓄积，但维持这种还原能力的平衡要受以下 3 个条件的制约。

一是瘤胃微生物群的状况。一定数量的含硝酸盐还原酶和氢化酶的微生物能将定量的硝酸盐还原为亚硝酸盐，如琥珀酸孤菌、溶纤维丁酸孤菌等。

二是供氢情况。碳水化合物分解后产生的乳酸、琥珀酸、苹果酸、甘油等可以提供氢体，因此饲喂适量的碳水化合物能降低亚硝酸盐的蓄积。

三是瘤胃 pH 值。饲料中碳水化合物较少时，瘤胃 pH 值保持在 7 左右，能促进硝酸盐还原成亚硝酸盐，抑制亚硝酸盐还原成氨的过程，从而使亚硝酸盐蓄积；饲料中碳水化合物较多时，瘤胃 pH 值下降，硝酸盐还原为亚硝酸盐的过程受抑制，促进了亚硝酸盐还原成氨的过程，因此使亚硝酸盐不能蓄积。

当牛、羊营养不良、饥饿、瘤胃功能障碍，维生素 A 和维生素 E 缺乏，饲料中碳水化合物不足时，瘤胃中的微生物菌群失调、供氢不足、pH 值升高，从而其还原能力失去平衡，亚硝酸盐蓄积，同时牛、羊对亚硝酸盐的耐受性也降低。

**（二）误投药品** 硝酸盐肥料、工业用硝酸盐或硝酸盐药品等和食盐相像，被误投混入饲料或误食而引起中毒。饲料中硝酸盐含量大于 1.5%时，即可引起牛的死亡。

**（三）饮水** 经常饮入含过量硝酸盐的水也可引发中毒。

## 二、发病机制

亚硝酸盐被机体吸收入血后，同氯离子交换进入红细胞，使含氧血红蛋白迅速氧化为高铁血红蛋白，致使血红蛋白中的二价铁转变为三价铁，此时三价铁和一个羟基稳定结合，不能还原为二价铁，这时的血红蛋白就丧失了携氧能力，导致全身缺氧。由于中枢神经对氧最为敏感，机体出现一系列神经症状，最终发生窒息，严重时引起死亡。

亚硝酸盐还有松弛血管肌、扩张血管，使血压降低等作用，从而导致血管麻痹而使外周循环衰竭。此外，亚硝酸盐还有致癌和致畸作用。

亚硝酸盐对牛的最小致死量为 88～110 毫克/千克体重，对羊为 40～50 毫克/千克体重。

## 三、临床症状

亚硝酸盐中毒多为急性过程，病畜精神沉郁，凝视，头下垂，步态蹒跚，呼吸急促，心跳加快，尿频，体温低于正常，可视黏膜发绀，流涎。瘤胃弛缓，轻度臌气，腹痛，腹泻。四肢无力，后肢麻痹，卧地不起，肌肉震颤，全身痉挛，虚脱而死。

慢性中毒时，病畜症状表现多种多样。牛的“低地流产”

就是因摄入含高硝酸盐的杂草所致，羊也可能表现流产、分娩无力、受胎率低等综合症状。较低或中等硝酸盐中毒可引起维生素 A 缺乏症和甲状腺肿等，主要表现为病畜发育不良、虚弱，泌乳量减少，慢性腹泻等症状。

牛、羊一次摄入大量硝酸盐，可直接刺激消化道黏膜引起急性胃肠炎，表现为流涎、呕吐、腹痛、腹泻。

## 四、病理变化

亚硝酸盐中毒的特征性病理变化是血液呈咖啡色或酱油色，凝固不良。其他表现有皮肤苍白、发绀，胃肠道黏膜充血，全身血管扩张，肺脏充血、水肿，肝脏、肾脏淤血，心外膜和心肌有出血斑点等。

一次摄入过量硝酸盐导致中毒时，胃肠道黏膜充血、出血，胃黏膜容易脱落或有溃疡变化，肠管充气，肠系膜充血。

## 五、诊　断

急性亚硝酸盐中毒的潜伏期为 0.5～1 小时，3 小时达到发病高峰，之后迅速减少，并不再有新的病例出现。再结合病史调查，如饲料种类、质量、调制等资料，提出怀疑诊断。根据可视黏膜发绀、呼吸困难、血液褐色、抽搐等症状，结合实质器官充血、浆膜出血、血色暗红等病理变化，即可做出初诊。

毒物分析和变性血红蛋白含量测定，有助于本病的诊断。用美蓝等特效药物进行抢救治疗，效果明显时即可确诊。

## 六、防治措施

**（一）预防措施**　收割前控制无机氮肥的大量使用，可适当使用钼肥以促进植物氮代谢。青菜类饲料应采取青贮方法或摊开晾晒以减少亚硝酸盐含量。

牛、羊在可能接触或不得不饲喂含硝酸盐较高的饲料时，应保证摄入足够的碳水化合物类饲料，再加入四环素（30～40毫克/千克饲料），以提高对亚硝酸盐的耐受性，减少硝酸盐变成亚硝酸盐。同时，要保证牛、羊饮水卫生。

**（二）治疗措施**　特效解毒药是美蓝和甲苯胺蓝。

**1. 美蓝**　牛、羊使用浓度为1%，使用量为8毫克/千克体重，静脉注射或深层肌内注射。

**2. 甲苯胺蓝**　各种家畜使用浓度为5%，剂量为5毫克/千克体重。

还可用硫堇、维生素C作为还原剂进行解毒治疗。前者按30毫克/千克体重剂量静脉注射；后者以25%浓度静脉注射，牛40～100毫升，羊为10～15毫升。

以上解毒药应重复使用，同时配合催吐、下泻、促进胃肠蠕动、灌肠等排毒治疗措施，以及50%葡萄糖注射液输液治疗。对重症病畜还应采用强心、补液和兴奋中枢神经等支持治疗。

其他疗法包括：剪耳放血与泼冷水治疗，对轻症中毒有一定疗效；取雄黄30克，小苏打45克，大蒜60克，鸡蛋清2个，新鲜石灰水250毫升，将大蒜捣碎，加雄黄、小苏打、鸡蛋清，再倒入石灰水，每日灌服2次。

急性硝酸盐中毒可按急性胃肠炎治疗。

# 第六章　微量元素缺乏引起的牛羊猝死症

## 第一节　硒-维生素E缺乏症

硒-维生素E缺乏症是指由硒或维生素E单独缺乏或共同缺乏所致的一类疾病的总称，这类疾病分布于世界各地，其病理特征因牛、羊品种不同而有一定差异，主要表现为骨骼肌的变性、坏死，肝脏营养不良以及心肌纤维变性等。同时，由于并发其他疾病，常常引起牛、羊猝死。

### 一、硒的化学特性及在自然界中的存在

由于硒具有金属和非金属的特性，因此又称为类金属。直到人们对硒的毒性和营养必需性认识之前，对其生物学特性的研究甚少，随着硒元素发现后并对其化学特性的研究，这种元素在许多工业生产中的应用越来越广。

现已确定6种天然硒元素，即$^{80}Se$(49.9%)、$^{78}Se$(23.5%)、$^{82}Se$(9.2%)、$^{76}Se$(9%)、$^{77}Se$(7.6%)、$^{74}Se$(0.87%)，这些天然存在的同位素没有放射性，通过中子活化方法至少可产生7种不稳定的同位素。通过中子活化分析表明：$^{75}Se$、$^{77}Se$、$^{81}Se$可以用于硒的定量测定；由于$^{75}Se$的半衰期较长(120天)，可以广泛应用于硒的生物科学研究和疾病的诊断。

元素硒能被氧化成+4或+6价的氧化态。在+4价状

态，硒主要以二氧化硒($SeO_2$)、亚硒酸($H_2SeO_3$)或亚硒酸盐($SeO_3^{2-}$)形式存在；在+6价状态，硒主要以硒酸($H_2SeO_4$)或硒酸盐形式存在($SeO_4^{2-}$)；当硒处于还原态(−2价)时，则主要以硒化合物形式存在。

硒在地壳中的丰度为$9\times10^{-9}$，大部分土壤中含硒量在0.1～2微克/克。美国土壤硒最大含量不超过100微克/克，且大多数土壤含硒量保持在2微克/克以下，平均为0.31微克/克。低硒土壤在全世界占相当大的比例，美国低硒地带的大部分土壤含硒量在0.5微克/克以下；加拿大东部的低硒土壤硒含量在0.2微克/克以下；新西兰大部分土壤的含硒量仅在0.1～0.2微克/克。我国黑龙江省土壤含硒量平均0.160 5微克/克，从我国抽测的805个土壤样品中，大部分样品含硒量在0.1～0.3微克/克，这些地区均属于缺硒地带。我国克山病主要分布在黑龙江省至云南省的一条狭长地带内，有的相连成片，有的断断续续排成一条东北至西南走向的长带。每个省的实际情况有所不同，如甘肃省存在着大面积严重缺硒或缺硒区域，随着山脉走向，硒含量的分布由西北至东北明显逐渐降低。

土壤和风化壳是硒由不活动状态转化为活动状态的场所。硒在土壤中的分布是植物含硒量的决定因素，土壤总硒代表土壤供硒的一种能力。我国除个别富硒岩层地区引起硒中毒的土壤外，一般土壤总硒含量小于1微克/克。积聚高硒的植物并能引起动物中毒的土壤，在化学反应中呈碱形，并含有自由的碳酸钙。这些地区降水量少，每年不超过80毫米，硒化合物以水溶性存在是这种土壤的特征。

有一些土壤含硒量较高，但生长在本地的植物被动物采食后并不发生中毒，这些土壤一般称非毒性富硒土壤。根据报道,硒酸盐是土壤中主要的水溶性形式,能被植物利用。经测定,世界上许多土壤含硒量较高,但水溶性硒的含量很低,因此在这些地区生长的植物不能积聚到动物中毒量的硒。这些土壤的特点是偏酸性(pH 值 4.5～6.5),并大量存在铁和铝的化合物,使土壤中的硒不容易被植物吸收。因此,水土中的硒元素和生物体的循环,尤其是土壤中的硒被植物吸收利用,仅仅测定土壤中硒的总量是不能充分说明问题的。

## 二、硒的生物学效应及代谢

硒是动物必需的一种微量营养物质,在体内发挥着许多生物学效应。然而,其中最重要的是硒的抗氧化性。

**(一)谷胱甘肽过氧化物酶(GSH-Px)的抗氧化作用** 谷胱甘肽过氧化物酶是哺乳动物体内第一个被公认的含硒酶,硒含量为 4 摩尔硒/摩尔酶,这种酶广泛存在于哺乳动物的红细胞、肝脏、肺脏、心脏、肾脏和其他组织中,催化还原型谷胱甘肽(GSH)还原体内有害的过氧化物(ROOH),包括过氧化氢,使之转变成无害的羟基化合物,从而保护生物膜(红细胞和内膜系统,如肝线粒体和微粒体)免受过氧化物的氧化损伤。

硒在谷胱甘肽过氧化物酶的催化中具有关键作用。研究证明,硒是谷胱甘肽过氧化物酶中起氧化-还原催化作用的惟一原子。也可以说,硒是谷胱甘肽过氧化物酶的活性中心。

**(二)磷脂过氧化氢谷胱甘肽过氧化物酶(PHGPX)的抗氧化作用** 意大利 Padova 大学的 Ursini 教授于 20 世纪 80 年代初发现了哺乳动物体内的第二个含硒酶——磷脂过氧化氢谷胱甘肽过氧化物酶,该酶的活性中心可能与谷胱甘肽过氧化物酶相同,也是通过抑制膜磷脂过氧化而发挥保护生物膜的作用。然而磷脂过氧化氢谷胱甘肽过氧化物酶与谷胱甘肽过氧化物酶区别在于对底物的选择性。在生物体系中，磷脂过氧化氢谷胱甘肽过氧化物酶作用于像磷脂这样的双亲性物质的过氧化物，而谷胱甘肽过氧化物酶则主要作用于亲水性过氧化物。这两种酶同时存在于生物组织中，它们和其他过氧化物酶共同组成一个还原各种过氧化物的多酶系统。

**(三)非酶化合物的过氧化作用** 现已查明，体内谷胱甘肽过氧化物酶中硒约占总硒量的1/3，磷脂过氧化氢谷胱甘肽过氧化物酶、5′—脱碘酶等含有硒，其余部分的硒均以非酶形式存在，并且在体内也发挥一定的抗氧化作用。Tapple(1967)指出，硒化合物的抗氧化作用包括五个方面：一是清除脂质过氧化自由基中间产物；二是分解脂质过氧化物；三是修复水化自由基（HO·H·等)引起的硫化合物的分子损伤；四是在水化自由基破坏生命物质前将其清除或转变为稳定化合物；五是催化巯基化合物作为保护剂的反应。另外，实验证实，含硒蛋白质能抑制不饱和脂肪酸的氧化或过氧化，硒代胱氨酸能引起过氧化物的广泛分解或还原。

在生命体系中，对自由基进攻最敏感的物质是不饱和脂肪酸，而构成生物膜基质的主要成分磷脂就含有大量的不饱和脂肪酸。体内产生的活性氧自由基对生物膜上不饱和脂肪酸的进攻会导致一系列自由基链式反应，最终造成膜脂质氧化或过氧化(包括膜上蛋白质或酶的损伤失活)，并由此而引起生物膜乃至整个细胞结构和功能的改变。硒的特殊生化功能中，最重要的就是防止生物膜的脂质过氧化。在膜脂质过氧化过程中，脂质过氧自由基(ROO-)最为有害，对重要生物分子起损害作用，甚至造成DNA链断裂或变异，国内外许多学者已经获得硒化合物清除脂质过氧自由基的直接实验证据。

**(四)硒和维生素 E 在抗氧化中的协同作用**　维生素 E 是一种抗氧化剂，它通过减少过氧化氢的形成来防止敏感的膜脂质受到氧化的损伤。因此，维生素 E 和硒在机体的抗氧化作用中具有协同性。其主要表现为：含硒的谷胱甘肽过氧化物酶分解已形成的过氧化物，阻止了可能引发膜脂质过氧化的羟基自由基（HO·）和单线态氧（$^1O_2$）的生成；而维生素 E 阻止膜脂质过氧化链式反应，减少了过氧化物的形成。所以，它们之间表现出相互节省效应。

## 三、动物对硒的吸收及影响因素

单胃动物的胃肠道很容易吸收可溶性硒化合物，主要吸收部位在小肠。反刍兽胃肠吸收率较低，口服亚硒酸钠绵羊的吸收率仅为 29%，其原因可能是在瘤胃中亚硒酸钠被还原成不溶性的形式。吸收后的硒通过血浆转运到机体的各种组织器官，有人认为血浆中可能存在硒转运蛋白，如大鼠血浆中含硒半胱氨酸的蛋白质（硒蛋白 P）可能具有转运硒的作用。

研究表明，硫、砷能影响动物对硒的吸收和在体内的代谢，如给绵羊饲喂低硫日粮和给绵羊饲喂高硫日粮相比，低硫日粮使绵羊硒代蛋氨酸的吸收增加，并明显提高血浆和被毛中的硒含量。另外，日粮中的硫酸盐可增加动物尿液中硒的排泄。关于砷和硒的相互作用较为复杂，有人认为砷可在胃肠道与硒结合，从而降低硒的吸收，但两种元素同时注射时，砷可预防硒中毒。同时发现，砷可降低肝脏硒含量，提高胃肠道中硒水平，促进硒从胆汁排泄。硒与铜之间也存在相互拮抗效应，它们不仅能彼此拮抗对方的毒性作用，而且铜还能引起饲喂低硒日粮的动物发生硒缺乏。至于硒与铜能否相互改变其在组织中的含量和分布，研究结果不一，似乎与两种元素在体内的水平有关。

## 四、硒-维生素 E 缺乏症与其他相关动物疾病

硒-维生素 E 缺乏症在各种动物均可发生，临床上常见于幼畜。现已发现，硒-维生素 E 缺乏症与其他相关疾病的特征存在明显的种属间差异（表 6-1），但这些疾病均为硒-维生素 E 应答性疾病，通过适当补充这两种营养物质均可得到有效的防治。

**表 6-1 硒-维生素 E 缺乏症与其他相关的疾病**

| 牛 | 羊 | 人 |
|---|---|---|
| 营养性肌营养不良、胎衣滞留 | 营养性肌营养不良、硒应答性疾病（健康不佳、繁殖率低） | 克山病、癌症、心血管疾病、大骨节病、衰老 |

## 五、病因与流行病学特点

动物机体硒营养缺乏，主要由于饲料、牧草中硒含量不足或缺乏，而饲料中硒含量又与土壤中可利用的硒水平密切相关。一般碱性土壤中硒含量较高且易被植物吸收，故碱性土壤生长的植物含硒量较丰富，而酸性土壤硒容易与铁形成难溶性复合物，不易被植物吸收，生长在这些土壤上的植物硒含量贫乏。日粮中不饱和脂肪酸可引起条件性维生素 E 缺乏。

另外，硒和微量元素之间的相互作用在本病发生中的作用不容忽视。补充硒和维生素 E 能有效预防钴引起的心肌病。

通过对我国 1 094 个县的主要饲料、牧草硒含量的分析

结果，中国农业科学院畜牧研究所对我国饲料、牧草的平均硒含量进行了分级。

含硒量为 0.02 微克/克或以下者，为严重缺硒区，动物常处于贫硒状态，极易发生缺硒病，约占总采样县的 29%。

含硒范围在 0.03～0.05 微克/克的地区为缺硒区，一般都不能满足动物对硒的正常需要量，必须补充硒，占总采样县的 43%。

含硒范围在 0.06～0.09 微克/克的地区为变动区，在这个区域，如对动物的日粮配合不当，就不易达到动物需要量的正常值，往往需要添加一定的硒制剂。这部分约占总采样县的 19%。

含硒量为 0.1 微克/克或以上的地区为正常区，在一般情况下，饲草、饲料中的硒含量能满足动物对硒的需要量，约占总采样县的 9%。

国际上公认的牧草、饲料中硒含量为 0.05 微克/克或以下者为缺乏区，我国约有 72%的地区属此类地区，北起黑龙江省、吉林省和内蒙古自治区，经过山西、陕西、四川等省，直到西南部云南省，形成一个连续的广阔低硒带。在这一区域内有三个大缺硒区，即东北、华北，经太行山、大别山至云南、贵州地区，青海、甘肃和陕北地区，黄海、渤海等沿海地区。因此，深入研究硒与动物健康之间的关系，对我国畜牧业生产将有着重大意义。由此可见，低硒环境（土壤）是硒缺乏症的根本原因，低硒饲料是直接病因，水—土壤—食物链是基本的致病途径。

## 六、发病机制

在低硒饲养条件下，机体血硒水平逐渐下降，随之多种器官、组织含硒量降低，相应的血液和组织中谷胱甘肽过氧化物酶活性下降。机体在正常代谢过程中产生的一些过氧化物不能被还原，致使其抗氧化能力不足，使细胞和亚细胞脂质膜遭受过氧化损伤，引起细胞和组织变性、坏死。肌肉组织、胰腺、肝脏、淋巴器官和微血管是遭受损伤的主要组织器官。

维生素 E 能抑制体内不饱和脂肪酸的过氧化过程，当缺乏时，体内过氧化物增多，使细胞的脂质膜和含-SH 氨基酸受到损害，产生一系列的病理学变化。

硒还参与辅酶 A 和辅酶 Q 的合成，同时也是一种与电子传递有关的细胞色素成分，它们在机体代谢的三羧酸循环和电子传递中起重要作用。

硒在体内促进蛋白质的合成，缺硒动物胰脂肪酶合成受阻，影响脂肪和维生素 E 的吸收。

由此可见，硒缺乏使动物血液和组织中谷胱甘肽过氧化物酶活力降低，致使组织、细胞遭受过氧化损害是致病的主要环节。肌肉组织、胰腺、肝脏、淋巴器官变质性病变和微血管损伤，构成本病的基本病理过程。病变组织、器官功能紊乱及其相互影响，促使其病程进一步发展，最终导致动物死亡。

## 七、临床症状

动物硒-维生素 E 缺乏症主要表现为营养性肌营养不良，又称白肌病，是幼畜的一种以骨骼肌、心肌纤维以及肝组织等发生变性、坏死为主要特征的疾病，以病变部肌肉色淡，甚至苍白而得名。本病常发生于幼龄犊牛、羔羊、仔猪、马驹，2～4 月龄生长迅速的犊牛最常发生，现已在 12～18 月龄舍饲肥育的公牛中发现。日粮中缺乏硒和维生素 E 的奶牛产后可暴发严重的肌营养不良。

本病的临床表现，因动物品种和临床类型不同而有差异，一般根据病程经过，分为急性、亚急性、慢性3种类型。

**(一)急性型** 病畜一般不表现前驱症状而突然死亡，尤其在运动之后更易发生。人工饲喂的奶牛由于硒和谷胱甘肽过氧化物酶活性降低也可发生此类情况。对一些病畜仔细观察发现，患病犊牛、羔羊和马驹通常侧卧，甚至人为加以扶助也不能使其改变侧伏卧的姿势。心率常增加至150～200次/分，体温正常，一般在症状出现后16～20小时死亡，犊牛和羔羊暴发本病时，有15%的易感动物可发生急性型，死亡率近100%。

**(二)亚急性型** 多以机体衰弱、心力衰竭、运动障碍、呼吸困难和消化功能紊乱为特征。病畜精神沉郁，不愿走动，喜卧，重者站立不稳，容易跌倒；有时前后肢呈轻度瘫痪，卧地不起；继发感染时体温升高，多数病畜保持食欲；部分动物可发生肌红蛋白尿。触诊背部、臀部的肌肉，有肿胀的趋势，比正常肌肉硬，这些异常呈对称性。

**(三)慢性型** 生长发育停滞，心功能不全，运动障碍，发生顽固性腹泻。羔羊多在2～4周龄时发病，全身衰弱，肌肉弛缓无力，行走困难，共济失调，可视黏膜苍白、黄染，呼吸浅而快(80～100次/分)，脉搏加快(200次/分)；成年羊症状不明显，但繁殖率和产毛量均降低。犊牛发病时精神沉郁，喜卧，站立不稳，共济失调，消化不良，肌肉震颤或痉挛，心搏加快(140次/分)，呼吸加快(80次/分)。多数病例发生结膜炎，甚至角膜浑浊、软化，可继发支气管炎、肺炎，后期食欲废绝，多因心力衰竭和肺脏水肿而死亡。

## 八、病理变化

主要的病变部位在骨骼肌、心肌和肝脏，其次为肾脏和脑。患病骨骼肌色淡，出现局限性的发白或发灰的变性区，呈鱼肉状或煮肉状，双侧对称，以肩胛部、胸背部、腰部和臀部肌肉变化最明显。心肌扩张、变薄，心内膜下肌肉层呈灰白色或黄白色的条纹或斑块状（虎斑心）。镜检病变部位肌纤维呈颗粒变性、透明变性、蜡样坏死或钙化和再生。透明变性时肌纤维肿胀，嗜伊红性增强，横纹消失；蜡样坏死的肌纤维常崩解成碎块或变成无结构的大团块，着色较深，可发生钙化、核浓缩或碎裂。肌间成纤维细胞增生。肝脏肿大，切面有槟榔样的花纹，故又称槟榔肝。肾脏充血、肿胀，肾实质有出血点和灰色斑状灶。

## 九、诊　断

根据地方性缺硒病史、临床表现（运动障碍和心力衰竭）、病理剖检变化、饲料和体内硒含量的分析以及血液血清肌酸磷酸激酶同功酶（CPK）、天冬氨酸转氨酶（AST）、谷胱甘肽过氧化物酶活性变化可做出诊断，但也应观察硒制剂的防治效果。

## 十、防治措施

**（一）预防措施**　目前生产中常采用的方法有以下几种。

**1. 饲草、饲料调换**　在低硒地区有计划地从富硒地区购入部分饲草、饲料，与本地饲草、饲料调剂使用，特别在发病季节到来之前，可获得满意的预防效果。

**2. 母畜妊娠期补硒**　妊娠中后期可用最低剂量注射亚硒酸钠-维生素 E 注射液 1～2 次，产后再补充 1 次，以提高乳汁中硒含量。

**3. 土壤改良** 土壤中补充亚硒酸钠或硒肥，每 667 平方米补充 14～28 克硒。

**4. 植物叶面喷洒硒肥** 提高植物、粮食硒含量，按每 667 平方米补充 3.5 克硒的剂量，可提高玉米硒含量 18 倍。

**5. 硒缓释丸** 把硒粉与其他金属混合，用物理方法压成一定的形状，投入反刍动物的瘤胃和网胃中，使其缓慢释放硒，供机体利用。目前常用的基质有铁粉、偏磷酸盐和氧化铝胶。

**6. 饲料中添加硒** 一般日粮硒含量达 0.1 毫克/千克即可满足动物对硒的需要，不足时可用微量元素添加剂予以补充。

**(二)治疗措施** 发现的病畜应及早应用硒制剂进行治疗。

第一，加强护理，供给优质牧草。

第二，肌内或皮下注射亚硒酸钠，按 0.1 毫克/千克体重剂量，每 10～20 天重复使用 1 次，病情严重者，每 5 天注射 1 次，连续注射 2～3 次。

第三，肌内注射维生素 E，犊牛 300～500 毫克，羔羊 100 毫克。

第四，适当使用维生素 A、维生素 B、维生素 C 及其他对症疗法。

## 第二节 铜缺乏症

铜缺乏症是动物体内铜含量不足所致的一种营养代谢性疾病，其特征是贫血、腹泻、运动失调和被毛褪色。本病在世界各地均有报道，常呈地方性流行或大群发生。如我国甘肃省河西走廊和新疆维吾尔自治区部分地区的放牧羔羊其发病率高达30%左右。原发性铜缺乏主要发生在幼龄动物，饲喂缺铜日粮的母牛所产的犊牛在2～3月龄时即出现缺铜症状。绵羊和山羊最为易感，牛次之。有报道我国有些省份牛、羊猝死症的病因就是由于铜缺乏而造成的。

## 一、病　因

**(一)原发性**　日粮缺铜引起动物机体缺铜，主要是由于生长在低铜土壤上的饲草或土壤中铜的可利用性低所致。一般认为，饲料中铜低于3微克/克即可引起发病，3～5微克/克为临界值，10微克/克以上能满足动物的需要。

**(二)继发性**　动物对铜的摄入量是足够的，但机体对铜的利用发生障碍。其原因是：第一，钼与铜具有拮抗性，当饲草、饲料中钼含量过多时，可妨碍铜的吸收和利用，牧草含钼低于3微克/克对铜并无影响；但当饲料中钼含量达3～10微克/克即可引起铜的不足而出现临床症状。通常认为铜、钼比例应高于2∶1。第二，饲料中锌、镉、铁、铅和硫酸盐等过多，影响铜的吸收，从而造成机体铜缺乏。第三，饲草中植酸盐含量过高，可与铜形成稳定的复合物，降低动物对铜的吸收。第四，反刍兽饲料中的蛋氨酸、胱氨酸、硫酸钠、硫酸铵等含硫物质过多，经过瘤胃微生物的作用均可转化为硫化物，它与钼共同形成一种难溶解的铜硫钼酸盐($CuMoS_4$)复合物，可降低铜的利用。

## 二、发病机制

血浆铜主要以铜蓝蛋白的形式存在，铜可促进胃肠道铁的吸收，铁吸收后转变成三价铁并形成铁蛋白而贮存起来，当其还原为二价铁后释放到血浆中，进入血流中的铁必须再氧化成三价铁与铁传递蛋白相结合才能向骨髓等造血部位转移，这一反应受血浆铜蓝蛋白的调控。因此，缺铜后细胞可用的铁减少，网织细胞中血红蛋白的合成受到影响而发生贫血。

铜是赖氨酸氧化酶和单胺氧化酶的辅基。缺铜时，这些酶的活力降低，结果导致骨中胶原交叉连接不良，胶原成熟受到影响，降低了骨胶原的稳定性和强度，因而骨质比较脆弱，容易发生骨折、骨骼畸形和骨质疏松。

铜是细胞色素氧化酶的辅基，起电子传递的作用，保证三磷酸腺苷的正常合成。缺铜时，细胞色素氧化酶的活力下降，脑中儿茶酚胺的水平也降低，三磷酸腺苷的生成减少，使磷脂合成障碍，髓磷脂合成也受到抑制，造成神经系统脱髓鞘。中枢神经细胞因代谢障碍发生病变，故引起以运动失调为特征的临床症状。

铜是酪氨酸酶的辅基，酪氨酸酶可催化酪氨酸的羟化过程而产生多巴，多巴氧化生成苯二酮，可促进黑色素的增加。铜缺乏动物其酪氨酸酶的活力降低，使酪氨酸转化为黑色素的过程受阻，因而皮肤、毛发色泽减褪。如体内完全缺乏酪氨酸酶，则产生白化病。铜缺乏还可引起角化作用的破坏，使皮肤和毛发在生长和外观上都发生改变，在羊表现为羊毛的数量和质量下降，羊毛变直，强度降低。

## 三、临床症状

运动障碍是羔羊铜缺乏的主要症状，故又称为摆腰病或地方性共济失调。主要危害 1～2 月龄的羔羊，在严重暴发时刚出生的羔羊也可发病，且常常造成死亡。早期症状为两后肢呈“八”字形站立，驱赶时后肢运动失调，跗关节屈曲困难，系关节着地，后躯摇摆，极易摔倒，快跑或转弯时更加明显，呼吸和心率随运动而显著增加。严重者做转圈运动，或呈犬坐姿势，后肢麻痹，卧地不起，最后死于营养不良。羔羊随年龄增长，其后躯麻痹症状可逐渐减轻。

铜缺乏时被毛的变化很明显，被毛稀疏，粗糙，缺乏光泽，弹性降低，颜色变浅，成年牛的红色和黑色毛变成白色或棕色毛，黑牛眼睛周围被毛更加明显，似戴白框眼镜，故有“铜眼睛”之称。绵羊铜缺乏时被毛柔软，光滑，失去弯曲，黑毛颜色变浅。羊毛的这些变化是最早的症状，在亚临床型铜缺乏症时可能是惟一的症状。

贫血是多种动物严重、长期缺铜的常见症状，发生于铜缺乏的后期。羔羊主要表现低色素小红细胞性贫血，而成年羊则呈巨红细胞性低色素性贫血。

腹泻是牛和羊继发性铜缺乏的常见症状，粪便呈黄绿色或黑色水样，腹泻的严重程度与拮抗元素钼的摄入量成正比。

此外，母畜的发情表现常不明显，不孕或流产，奶牛产奶量下降，其幼畜生长不良。

## 四、病理变化

铜缺乏的特征病变是贫血和消瘦。骨骼骨化推迟，易发生骨折，严重时表现骨质疏松。地方性铜缺乏的最主要组织病变是小脑束和脊髓背外侧束的脱髓鞘。在少数严重病例，脱髓鞘病变也波及大脑，白质结构发生破坏，出现空洞，并且有脑积水、脑脊髓液增加和大脑回几乎消失等病理变化。肝脏、脾脏和肾脏有大量含铁血黄素沉着。

## 五、防治措施

动物铜缺乏症的预防措施主要有：第一，日粮中添加硫酸铜，最低铜水平为牛 10 微克/克，羊 5 微克/克。第二，在妊娠中后期口服硫酸铜，牛 4 克，羊 1～1.5 克每周 1 次，能预防幼畜铜缺乏症，也可在幼畜出生后口服铜制剂。第三，牛和羊可用矿物质添加剂舔砖，舔砖中硫酸铜的含量羊为 0.25%～0.5%，牛为 2%。第四，国外目前应用内含氧化铜短针的胶囊，将其投入反刍动物的瘤胃或网胃中，缓慢释放铜。第五，经口投服含硒、铜、钴等微量元素的长效缓释丸，在瘤胃和网胃中缓慢释放微量元素。第六，可在饮水中添加硫酸铜，让动物自由饮用。第七，给低铜草地施用含铜肥料，每公顷 5.6 千克硫酸铜，能显著提高牧草中铜的含量。

治疗铜缺乏症比较简单，但如果神经系统和心肌受到严重损伤时，病畜将不能完全康复。2～6 月龄犊牛口服硫酸铜 4 克，成年牛为 8～10 克，羊为 1～2 克，每周 1 次，连用 3～5 周。在日粮中添加铜，使硫酸铜的水平达 25～30 微克/克，连喂 2 周效果显著。也可将矿物质添加剂舔砖中硫酸铜的水平提高至 3%～5%，让病畜自由舔食，或按 1%剂量加入日粮饲喂动物。

# 附录　细菌和病毒检验材料保存液的配制方法

**一、30%甘油缓冲盐水溶液**

中性甘油(分析纯)30 毫升

氯化钠 0.5 克

0.02%酚红 1.5 毫升

碱性磷酸钠 1 克

加中性蒸馏水至 100 毫升，混合后以 103.4 千帕(121.3℃)高压蒸汽灭菌 30 分钟。

**二、饱和氯化钠溶液**

在一定量的蒸馏水中不断加入纯氯化钠，并搅拌使其溶解，当氯化钠再不能溶解时即为饱和，饱和浓度为 38%～39%。用滤纸或数层纱布过滤，高压灭菌后备用。

**三、50%甘油缓冲盐水溶液**

氯化钠 2.5 克

酸性磷酸钠 0.46 克

碱性磷酸钠 10.74 克

中性蒸馏水 150 毫升

中性甘油(分析纯)150 毫升

上述药物溶解混匀，于 250 毫升三角瓶中，每瓶分装 100 毫升，以 68.9 千帕(115.6℃)高压蒸汽灭菌 10 分钟。

**四、鸡蛋生理盐水溶液**

先将新鲜鸡蛋的表面用碘酊消毒，然后打破蛋壳，将内容物倾入灭菌的三角瓶中，加入灭菌生理盐水(鸡蛋内容物与盐水之比为 9∶1)。摇匀后用无菌纱布过滤,然后加热至 56℃～58℃,停留 30 分钟,翌日和第三天按上法再用相同的方法重复 1 次,冷却后即可应用。

# 参考文献


1　陈怀涛著. 牛羊病诊治彩色图谱[M]. 北京:中国农业出版社,2004

2　罗建勋,殷宏著. 羊病早防快治[M]. 北京:中国农业科学技术出版社,2006

3　伏小平著. 疯牛病及动物海绵状脑病防治[M]. 北京:金盾出版社,2003

4　沈正达等著. 羊病防治手册[M]. 北京:金盾出版社,2005

5　刘学忠. “猝死症”的病因分析及防治. 畜牧兽医杂志, 2002, 21:17～18

6　韩慧民,常国权,王新平. 从“猝死症”牛实质脏器中检出冠状病毒[J]. 中国兽医杂志,1995,21:6

7　赵秀伟,李彬,李庆元等. 大牲畜“猝死症”调查报告[J]. 黑龙江畜牧兽医,1998,8:26

8　蒋启荣. 肺炎克雷伯菌和蜡样芽孢杆菌引起的耕牛猝死症病例[J]. 广东畜牧兽医科技,2004,29:26～27

9　牛钟相,朱瑞良,张绍学等. 山东省山羊猝死症病因病性研究[J]. 畜牧兽医学报,1996,27:372～376

10　符金录,魏捡选. 关于牛“猝死症”发病情况的调查与探讨[J]. 黄牛杂志,2005,31:84～86

11　任世俨. 平凉地区牛猝死症调查[J]. 甘肃畜牧兽医,1998,28:11～22

12　李永明,文明,张登祥等. 贵州黑山羊猝死症的病原

学研究[J].山地农业生物学报，2000,19:418～425

13　吴纪经，王光昌，古雨兰.海南省牛猝死症的调查与诊治[J].中国兽医科技，1995,25:37～38

14　李复中.湖北省牲畜猝死症病因探讨及防治[J].中国兽医杂志，1998,24:21～22

15　王会生.黄牛产气荚膜梭菌病的检验和处理[J].中国动物检疫，2002,19:33～34

16　郭德宝，王小平，杨治齐等.黄牛猝死-硒缺乏症的研究[J].中国兽医杂志，1997,23:10～11

17　潘耀谦，刘宝岩，夏志平等.吉林黄牛“猝死症”的病理学研究[J].吉林畜牧兽医，1996,18:29～33

18　刘瑞生，何茂昌.家畜“猝死症”病因[J].黄牛杂志，1998,24:73～74

19　裴鸣，张和平，唐昌茂等.家畜产气荚膜梭菌病的病理形态学观察[J].中国兽医科技，1999,29:29～30

20　杨志强，王学智，宋秉生等.我国家畜“猝死症”研究的最新进展[J].中兽医医药杂志，1997,1:17～19

21　高洪，李卫真，谭丽勤.我国家畜猝死症病因研究近况[J].云南畜牧兽医，1999,2:23～24

22　史宁花，张和平，孔芳玲等.硒与家畜猝死症发病关系的试验研究[J].甘肃畜牧兽医，1999,5:11～12